全国高等职业学校计算机类专业"十二五"规划教材

# 计算机组装与维护项目教程

胡颖辉　樊剑剑　冷淑君　主　编
万丽华　郑　伟　李献军　杜振宁　副主编

U0316713

中国铁道出版社
CHINA RAILWAY PUBLISHING HOUSE

# 内 容 简 介

本书采用任务驱动项目的编写方法，力求突出应用性和实效性。全书共有四个项目：项目一主要介绍计算机主机配件及选购、硬件安装、操作系统的安装及简单局域网的组建方法；项目二主要介绍计算机系统性能的检测与优化、病毒查杀与系统安全维护、系统备份与还原、Windows PE的应用及数据恢复技术；项目三主要介绍开机报警类故障、开机无显示类故障、系统出错类故障、计算机外设故障及笔记本电脑常见故障的检测与维修；项目四主要介绍注册表、组策略、虚拟机及网络下载工具软件的应用。

本书结构严谨，实用性强，突出能力培养，适合作为高职高专院校计算机类专业的教材，也可作为计算机硬件技术的培训教材和计算机用户的自学参考书。

## 图书在版编目（CIP）数据

计算机组装与维护项目教程 / 胡颖辉，樊剑剑，冷淑君主编. — 北京：中国铁道出版社，2013.6 (2015.8 重印)

全国高等职业学校计算机类专业"十二五"规划教材

ISBN 978-7-113-16419-5

Ⅰ. ①计… Ⅱ. ①胡… ②樊… ③冷… Ⅲ. ①电子计算机－组装－高等职业教育－教材②计算机维护－高等职业教育－教材 Ⅳ. ①TP30

中国版本图书馆 CIP 数据核字（2013）第 081300 号

书　　名：计算机组装与维护项目教程

作　　者：胡颖辉　樊剑剑　冷淑君　主编

策　　划：王春霞　　　　　　　　　　读者热线：400-668-0820

责任编辑：王春霞　何　佳

封面设计：白　雪

责任印制：李　佳

出版发行：中国铁道出版社（100054，北京市西城区右安门西街 8 号）

网　　址：http://www.51eds.com

印　　刷：北京鑫正大印刷有限公司

版　　次：2013 年 6 月第 1 版　　　2015 年 8 月第 2 次印刷

开　　本：787mm×1092mm　1/16　印张：13　字数：312 千

印　　数：3 001～4 500 册

书　　号：ISBN 978-7-113-16419-5

定　　价：26.00 元

# 前 言

随着计算机的不断普及，人们的日常工作越来越需要借助计算机来完成，人们的日常生活也越来越离不开计算机。为了适应新时代的要求，人们不仅要学会使用计算机，而且要学会对计算机进行维护维修。现如今，计算机的组装与维修技术已成为每一位计算机专业人士必须掌握的一项基本技能。

本书以计算机硬件组装、软件安装为基础，以计算机系统维护和故障维修为主线，涵盖了计算机硬件系统的组成、各个部件的性能参数、选购原则，CMOS 参数设置，操作系统与驱动程序的安装，常用软件的安装、使用，系统的优化、维护与测试，常见故障的检测与维修，以及注册表、组策略的设置及使用技巧等内容。

本书打破传统的教材模式，基于"项目导向、任务驱动"的职业教育理念，紧紧围绕工作任务的需要来选择和组织教材内容，搭建新的篇章结构，将传统的知识点融入到具体的项目和任务中，依托真实情境，以实例作为导引，由浅入深、循序渐进地讲解项目任务包含的知识点，重点突出知识的实用性和实践性，实现理论与实践一体化。

全书共有 4 个项目，每个项目根据工作需求又进一步分为若干个任务，每个任务则按照任务提出、任务分析、任务实施、任务小结 4 个步骤逐步引入相关知识点，让读者在直观、真实的任务实施过程中学会分析问题、解决问题，逐步掌握组装、维护、维修计算机的职业技能。在每个任务的最后还设计了项目拓展实训，可以让读者进一步巩固和检验自己的学习成果。

项目一主要介绍计算机的组装，分为确定装机配置方案、计算机硬件组装、操作系统的安装和简单局域网络系统的组建 4 个任务；项目二主要介绍计算机的维护，分为系统性能检测与优化、计算机病毒查杀与系统安全维护、系统备份与还原、使用 Windows PE 诊断修复系统和数据恢复技术 5 个任务；项目三主要介绍计算机常见故障的维修与检测，分为开机报警类故障检测与维修、开机无显示类故障检测与维修、系统出错类故障检测与维修、计算机外设故障检测与维修和笔记本电脑常见故障检测与维修 5 个任务；项目四主要介绍计算机的操作与使用技巧，分为注册表的应用、组策略的应用、虚拟机的应用和常用工具软件的应用 4 个任务。通过完成以上 4 个项目 18 个任务，可以使读者快速、熟练地掌握计算机的组装、维护及维修技能。

本书突出了项目任务与知识的相互联系，项目之下分任务，结构清晰、条理清楚、内容翔实、案例丰富、图文并茂，步骤详尽，职业特色鲜明，既利于教学，又利于自学，文字易读、易懂，是学习计算机组装、维护和维修的首选用书。本书可作为高职高专院校计算机及相关专业的教材、计算机硬件维护维修技术的培训教材，也可供 DIY 爱好者、装机人员、IT 从业人员使用或参考。

本书由江西信息应用职业技术学院胡颖辉、樊剑剑、江西工程职业技术学院冷淑君担任主编。江西信息应用职业技术学院万丽华、郑伟，石家庄邮电职业技术学院李献军，杨凌职业技术学院杜振宁担任副主编，参与编写的还有江西信息应用职业技术学院黄军华、肖传辉老师。全书由胡颖辉、冷淑君统稿，其中项目一由樊剑剑编写，项目二由万丽华、胡颖辉编写，项目三由胡颖辉、黄军华编写，项目四由郑伟、肖传辉、冷淑君、李献军、杜振宁编写。此外本书参考了相关文献，在此编者对相关文献作者表示诚挚的谢意。

由于计算机技术的发展日新月异及编者水平有限，书中疏漏之处在所难免，敬请广大读者批评指正。

编 者

2013 年 3 月

# 目录

目录

# 项目一

→ 计算机组装

　　李明是某公司的职员，要购买 4 台计算机，其中为 3 名员工每人各买一台价值 4 000 元左右的组装机，为经理购买一台价值 1 万元左右的笔记本电脑。他来到商城，请销售人员给出装机配置方案。

　　本项目将从李明配计算机的案例出发，介绍计算机的组装过程。

 学习目标

（1）掌握计算机的基本组成。
（2）掌握计算机硬件的主要功能及性能指标。
（3）掌握计算机硬件的组装方法。
（4）掌握计算机操作系统的安装。
（5）掌握简单网络的组建。

## 任务一　确定装机配置方案

### 任务提出

　　根据李明配计算机的要求，确定装机配置方案。

### 任务分析

　　在确定装机配置方案之前，需要掌握以下知识点：
（1）计算机的基本组成。
（2）计算机主要硬件介绍。
（3）计算机硬件的性能指标。
（4）计算机硬件的选配原则。
（5）笔记本电脑介绍及选配原则。

### 相关知识

#### 一、计算机系统的组成

　　一个完整的计算机系统是由硬件系统和软件系统两部分组成，如图 1-1 所示。硬件系统是组成计算机系统的各种物理设备的总称，软件系统是为了运行、管理和维护计算机而编制

的各种程序、数据和相关文档的总称。计算机系统的各种功能都是由硬件和软件共同完成的，通常把不安装任何软件的计算机称为裸机。

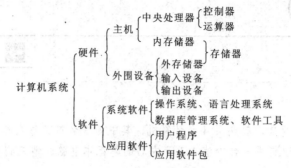

图 1-1　计算机系统结构

### （一）硬件系统

1946 年，计算机之父约翰·冯·诺依曼简化了计算机的结构，提出计算机硬件系统包括运算器、存储器、控制器、输入设备和输出设备五大基本部件。一般情况下，运算器和控制器是集成在一起的，称为中央处理器（Central Processing Unit，CPU）。

目前人们使用的计算机的硬件系统又可以分为主机和外围设备两大部分。主机主要包括主板、CPU、内存、硬盘和显卡等设备，外围设备包括鼠标、键盘、显示器（见图 1-2）、打印机和扫描仪等输入/输出设备。

图 1-2　计算机硬件设备

### （二）软件系统

软件系统由系统软件及应用软件两大部分组成，是为运行、维护、管理、应用计算机所编制的所有程序和支持文档的总和。应用软件必须在系统软件的支持下才能运行。没有系统软件，计算机无法运行；有系统软件而没有应用软件，计算机也无法解决实际问题。计算机系统的层次关系如图 1-3 所示。

图 1-3　计算机系统的层次关系

## 二、计算机主要硬件介绍

### （一）主板

主板一般为矩形电路板，上面安装了组成计算机的主要电路系统，一般有 BIOS 芯片、I/O 控制芯片、键盘和面板控制开关接口、指示灯插接件、扩充插槽、主板及插卡的直流电源供电接插件等元件，它是把 CPU、存储设备、输入/输出设备连接起来的纽带，如图 1-4 所示。

图 1-4　华硕 P8H67 主板

### 1. 主板的分类

1）按 CPU 插槽类型分类

Intel 平台：目前主流的 Intel 平台主板为 LGA 2011、LGA 1155 和 LGA 1156 插槽的主板。

AMD 平台：目前主流的 AMD 平台主板为 Socket FM1、Socket FM2、Socket AM3/AM3+ 插槽的主板。

2）按逻辑控制芯片组分类

Intel 平台：目前主流的 Intel 平台主板按芯片组可分为 X79、Z77、Q77、Z75、B75、Z68、H67、P67、X58、H55 等主板。

AMD 平台：支持 AMD 平台的主流芯片组可分为 A85X、A75、A55、990FX、990X、970、870、880G、890GX 等主板。

3）按主板结构分类

AT（标准尺寸）主板：因 IBM PC/A 机首先使用而得名，有的 486、586 主板也采用 AT 结构布局。

Baby AT（袖珍尺寸）主板：比 AT 主板小，因而得名。很多原装机的一体化主板首选此主板结构。

ATX &127 主板：改进型的 AT 主板，对主板上元件布局作了优化，有更好的散热性和集成度，需要配合专门的 ATX 机箱使用。

一体化（All In One）主板：主板上集成了声音，显示等多种电路，一般无须再插卡就能工作，具有高集成度和节省空间的优点，但也有维修不便和升级困难的缺点。在原装品牌机中采用较多。

NLX 主板：其最大特点是主板、CPU 的升级灵活方便有效，不再需要每推出一种 CPU 就必须更新主板设计。

此外还有一些上述主板的变形结构。

4）其他主板分类方法

按主板的结构特点分类还可分为基于 CPU 的主板、基于适配电路的主板、一体化主板等类型。基于 CPU 的一体化的主板是目前较佳的选择。

按印制电路板的工艺分类又可分为双层板、4 层板、6 层板、8 层板等。

按元件安装及焊接工艺分类又有表面安装焊接工艺板和 DIP 传统工艺板。

**2. 主板上的插槽和接口**

**1）CPU 插槽**

根据 CPU 的不同，CPU 插槽也有所不同。目前 Intel 主流的 CPU 采用的是 LGA 2011、LGA 1155 和 LGA 1156 插槽的主板。AMD 主流的 CPU 采用的是 Socket FM1、Socket FM2、Socket AM3/AM3＋插槽。LGA 1155 插槽和 Socket AM3 插槽如图 1-5 所示。

图 1-5　LGA1155 插槽和 Socket AM3 插槽

**2）内存插槽**

内存插槽是用来安装内存条的地方，一般情况下有 2 条或 4 条。较旧的主板上有 SDRAM、DDR SDRAM、DDR2 类型的内存插槽，其中 SDRAM DIMM 为 168 针的 DIMM 结构，金手指每面为 84 针，金手指上有两个卡口，用来避免插入插槽时，错误将内存反向插入而导致烧毁；DDR SDRAM 则采用 184 针的 DIMM 结构，金手指每面有 92 针，金手指上只有一个卡口。DDR2 为 240 针的 DIMM 结构，金手指每面有 120 针，只有一个卡口，但卡口的位置与 DDR SDRAM 略有不同。

目前主流的内存插槽是 DDR3 插槽。DDR3 内存金手指每面有 120 针，也有一个卡口，如图 1-6 所示。

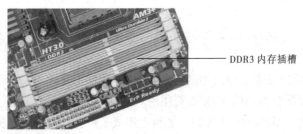

DDR3 内存插槽

图 1-6　主板上的 DDR3 内存插槽

**3）扩展插槽**

主板的另一个重要特征就是总线的类型。总线就是连接 CPU 和内存、缓存、外部控制芯片之间的数据通道。控制芯片和扩展槽之间还有数据通道，叫做扩展总线。扩展总线允许用户通过安装新的扩展卡来扩充计算机的功能。

目前主流主板上都会有 PCI 插槽、PCI-E 插槽，如图 1-7 所示。

PCI Express × 16 插槽

PCI Express × 1 插槽

PCI 插槽

图 1-7 主板上的扩展插槽

4）IDE 接口和 SATA 接口

IDE 接口（Integrated Drive Electronics）是常用的外部接口，主要接硬盘和光驱。采用 16 位数据并行传送方式，体积小，数据传输快。以前主板上一般有两个 IDE 接口，单个 IDE 接口最多可以接 2 个 IDE 设备。现在的主板一般不再提供 IDE 接口。

SATA 是 Serial ATA 的缩写，即串行 ATA。这是一种完全不同于并行 ATA 的新型硬盘接口类型，由于采用串行方式传输数据而得名。SATA 总线使用嵌入式时钟信号，具备了更强的纠错能力，与以往相比其最大的区别在于能对传输指令（不仅仅是数据）进行检查，如果发现错误会自动矫正，这在很大程度上提高了数据传输的可靠性。串行接口还具有结构简单、支持热插拔的优点。

Serial ATA 1.0 的传输速率是 1.5 Gbit/s，Serial ATA 2.0 的传输速率是 3 Gbit/s，Serial ATA 3.0 的传输速率是 6 Gbit/s。IDE 接口和 SATA 接口如图 1-8 所示。

图 1-8 IDE 接口和 SATA 接口

5）I/O 接口

主板上的 I/O 接口用来与各种输入/输出设备连接，目前所有的主板都已经将各种接口集成到了主板上面，还有些主板内置了声卡、显卡和 SCSI 卡等功能。

把主板平放，就可以看到 PS/2 接口、USB 接口、同轴音频接口、并口、串口、IEEE 1394 接口和 RJ-45 网卡接口等接口，如图 1-9 所示。

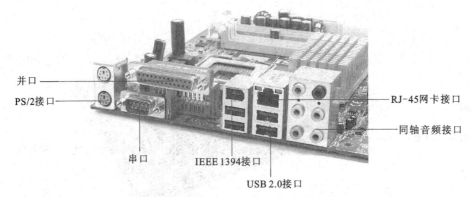

并口

PS/2接口

串口

IEEE 1394接口

USB 2.0接口

RJ-45网卡接口

同轴音频接口

图 1-9　主板后面的 I/O 接口

PS/2 接口用来连接键盘和鼠标。现在的主板都是符合 PC99 规范的，根据接口的颜色就能判断出需要连接的设备，紫色的连接键盘，绿色的连接鼠标。

USB 接口用来连接 USB 设备。USB 即通用串行总线，是新一代多媒体计算机的外设接口。支持热插拔是 USB 接口的一个特点，在安装 USB 设备时，一般不需要重新启动，就可以使用新的设备。另外，USB 接口还提供了很高的传输速率，它使计算机更容易使用。

并行接口用来连接打印机、游戏手柄等设备。

串行接口通常用于连接串行鼠标和调制解调器等设备。

IEEE 1394 是一种外部串行总线标准，它可以达到 400 Mbit/s 的数据传输速率，十分适合视频影像的传输。作为一种数据传输的开放式技术标准，IEEE 1394 被应用在众多的领域，包括数码摄像机、高速外接硬盘、打印机和扫描仪等多种设备。标准的 IEEE 1394 接口可以同时传送数字视频信号以及数字音频信号，相对于模拟视频接口，IEEE 1394 技术在采集和回录过程中没有任何信号的损失。近年来随着成本的降低，IEEE 1394 正迅速普及到更多普通家庭。

6）电源接口

电源接口的作用主要是为主板供电。目前常见的电源接口分为 ATX20 针和 ATX24 针。随着主板连接设备的逐渐增多，普通的 ATX20 针电源已经无法满足稳定的供电需求，主板厂商就在 20 针的基础上额外增加 4 针，如图 1-10 所示。

图 1-10　ATX20 针电源和 ATX24 针电源

### 3. 主板上的芯片

1）BIOS 控制芯片

BIOS 就是基本输入/输出系统，它实际上就是硬件与软件之间的连接器，一般被写入到

ROM 芯片内（ROM 就是只读存储器），如图 1-11 所示。

图 1-11　BIOS 芯片

BIOS 的作用非常大，计算机开机后首先运行的就是这个软件。它管理着整个计算机的硬件协调工作。如果发现哪个硬件有问题，在开机的时候就会提示出来。当处理好有问题的硬件后，就转到启动盘，让启动盘上的操作系统启动，然后就可以看到熟悉的 Windows 界面。

不光主板上有 BIOS，其他板卡，如显卡、声卡上都有 BIOS，它包含了该硬件的信息和控制程序（它是硬件与软件程序之间的一个"转换器"，它负责解决系统对硬件的即时需求，并按软件对硬件的操作要求具体执行）。

2）CMOS 控制芯片

系统设置或配置信息都存储在 CMOS 中，它属于内存的一种，需要很少的电能来维持所存储的信息，计算机每次启动时都会读取这些信息。主板上有一块金属的锂电池为 CMOS 提供电源，电池寿命大约是 5 年，如果电池电量不足可能会导致 CMOS 内容的丢失。因此当看到计算机时间开始变得不准确时就应该更换电池了。主板上有清除 CMOS 信息的跳线，如今有的主板用按钮代替了跳线，如图 1-12 和图 1-13 所示。

图 1-12　主板上清除 CMOS 信息的跳线

图 1-13　主板上清除 CMOS 信息的按钮

3）必不可少的插针

有一些插针是必不可少的，如图 1-14 所示，这些插针与机箱中的跳线连接，控制机箱前面板的各种开关和指示灯。

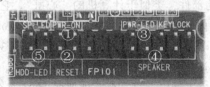

图 1-14　主板上的插针

①"PWR-ON"是电源开关插针；②"RESET"是 Reset（重置）开关插针；

③"PWR-LED"是电源指示灯插针；④"SPEAK"是机箱音箱开关插针；⑤"HDD-LED"硬盘指示灯插针

4）主控制芯片

芯片组是主板最关键的组成部分，它决定了整个主板的性能。大部分的芯片组都包括两个部分：北桥芯片和南桥芯片。其中，北桥负责与 CPU 的联系并控制内存、PCI 接口，相关的数据在北桥内部传输。北桥芯片的位置一般在 CPU 插槽的附近。南桥负责 I/O 接口以及 IDE 等设备的控制等，如图 1-15 所示。

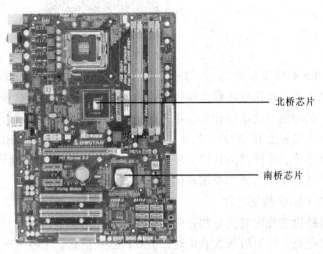

北桥芯片

南桥芯片

图 1-15  主板上的北桥芯片和南桥芯片

随着 CPU 自身架构的改变，现在市场上主流主板芯片组上也采用了单芯片设计，该芯片主要负责 PCI-Express Lans 的管理、I/O 设备的管理等工作。而内存方面的控制则交由 CPU 来负责，如图 1-16 所示。

华硕 P8H67 主板芯片
组采用 H67 单芯片

图 1-16  Intel H67 芯片组

（二）CPU

CPU 是计算机最重要的部件，类似于计算机的"心脏"，它支配计算机进行各种工作，由运算器和控制器组成。其内部结构都包括：控制单元（Control Unit，CU）、算术逻辑单元（Arithmetic Logic Unit，ALU）和存储单元（Memory Unit，MU）3 大部分。这 3 个部分相互协调，可以进行分析、判断、运算并控制计算机各部分协调工作。

自 1971 年 Intel 公司推出了世界上第一台微处理器 4004 至今，CPU 已经有 40 多年的历史，这期间，按照其处理信息的字长，可以分为：4 位微处理器、8 位微处理器、16 位微处理器、32 位微处理器以及 64 位微处理器等。目前人们常用的 CPU 主要是由美国的 Intel 公司、AMD 公司和我国 VIA 公司制造的。

## 1. Intel 公司生产的 CPU

**1）80486 及以前的 CPU**

Intel 公司在 20 世纪 70 年代初期推出了 4004、8008、8080 等 4 位、8 位 CPU，随后的 20 年时间里，Intel 公司先后推出了 8086、8088、80286 等 16 位 CPU 和 80386、80486 两款 32 位 CPU，如图 1-17 所示。

**2）Pentium 系列 CPU**

1993 年，全面超越 486 的新一代 CPU 问世，那就是 586。它集成了 310 万个晶体管，使用更高的时钟频率，64 位数据总线，16 KB 的高速缓存。Intel 公司为了防止其他公司侵权，就为新的 CPU 取了 Pentium 的名字，它的中文名字叫"奔腾"。至今，"奔腾"仍作为 Intel 公司的 CPU 代号，其各系 CPU 如图 1-18 所示。

图 1-17　80486 及以前的 CPU

图 1-18　Pentium 系列 CPU

**3）Celeron 系列 CPU**

Celeron CPU 诞生于 1998 年，是 Intel 公司进攻低端市场而设计的入门级 CPU，最初没有二级缓存，后来推出的 Celeron 处理器版本有 Celeron 2、Celeron 3、Celeron 4 等，如图 1-19 所示。

**4）多核处理器 CPU**

由于受到架构的限制，Intel 公司将重心放在了扩展性和并行处理上，由此推出了双核处理器。双核处理器是在一个处理器上集成两个运算核心，提高了计算能力。目前，Intel 公司在台式机方面推出的双核处理器有 Pentium D、Pentium E、Core Duo 等类型。2006 年 11 月，Intel 公司发布了 Core 2 Quad 四核处理器，四核处理器实际上是将两个 Conroe 双核处理器封装在一起，在进行大数据运算时速度更快。随后，Intel 公司又发布了 Core 2 Extreme、Core i3、Core i5、Core i7 等多核处理器，如图 1-20 所示。

图 1-19　Celeron 系列 CPU

图 1-20　多核处理器 CPU

### 2. AMD 公司生产的 CPU

#### 1）K 系列处理器

AMD 公司是全球第二大 CPU 生产厂商,K5、K6、K6Ⅱ是 AMD 公司的早期产品,与 Pentium 是同级别的产品,在浮点性能方面略逊一筹,现在已经淘汰,如图 1-21 所示。

图 1-21　AMD 的 K5 和 K6II 处理器

#### 2）多核 CPU

AMD 公司推出的双核处理器分别是 Opteron 系列和 Athlon 系列。其中 Athlon64 X2 用于抗衡 Pentium D 和 Pentium Extreme Edition 的桌面双核心系列。对于双核心技术,AMD 的做法是将两个核心整合在同一个内核中,而 Intel 的做法是简单地将两个核心做到一起。其中 Athlon64 X2 采用了 Dual Stress Liner(应变硅技术),架构明显优于 Pentium D。

2007 年 11 月,AMD 公司发布了真四核 Phenom 处理器,同时推出全新 Spider 四核处理器平台。2008 年,又推出采用 Deneb 和 Stars 两种核心的系列四核 CPU,如图 1-22 所示。

图 1-22　Athlon 64 X2 和 Phenom Ⅱ处理器

### （三）内存

内存是计算机最主要的配件之一,它的速度与容量都直接影响到计算机的性能。内存指的是随机存取存储器,简称 RAM。早期的内存类型有 SDRAM、DDR SDRAM 和 Rambus 三种,现在已经被淘汰。目前 DDR3 内存占据了市场的主流。

#### 1. SDRAM

SDRAM,即 Synchronous DRAM(同步动态随机存储器),曾经是计算机上最为广泛应用的一种内存类型。SDRAM 采用 3.3 V 工作电压,168 针的 DIMM 接口,中间有 2 个卡口,带宽为 64 位。常见的 SDRAM 内存条如图 1-23 所示。

#### 2. DDR SDRAM

DDR SDRAM 是 Double Data Rate SDRAM 的缩写,意为双倍速率同步动态随机存储器。DDR 内存是在 SDRAM 内存基础上发展而来的,仍然沿用 SDRAM 生产体系,　SDRAM 在一个时钟周期内只传输一次数据，它是在时钟的上升期进行数据传输；而 DDR 内存则是一个时钟周期内传输两次数据，它能够在时钟的上升期和下降期各传输一次数据，因此称为双倍速率同步动态随机存储器。

从外形体积上 DDR 与 SDRAM 相比差别并不大，它们具有同样的尺寸和同样的针脚距离。但 DDR 为 184 针脚，比 SDRAM 多出了 16 个针脚，中间有一个卡口，工作电压为 2.5 V。图 1-24 所示为一款 DDR 内存条。

图 1-23　SDRAM 内存条

图 1-24　DDR 内存条

### 3. RDRAM

Rambus 公司生产的 Rambus DRAM（简称 RDRAM）有 184 个引脚，它采用了串行的数据传输模式，如图 1-25 所示。在推出时，因为其彻底改变了内存的传输模式，无法保证与原有的制造工艺相兼容，而且内存厂商要生产 RDRAM 还必须要缴纳一定专利费用，再加上其本身制造成本，就导致了 RDRAM 从一问世就以高昂的价格让普通用户无法接受。而同时期的 DDR 则能以较低的价格，不错的性能，逐渐成为主流，虽然 RDRAM 曾受到英特尔公司的大力支持，但始终没有成为主流。

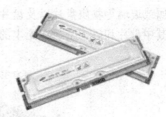

图 1-25　RDRAM 内存条

### 4. DDR2 SDRAM

DDR2（Double Data Rate 2）与 DDR 内存技术标准最大的不同，就是虽然同是采用了在时钟的上升/下降的同时进行数据传输的基本方式，但 DDR2 内存却拥有两倍于上一代 DDR 内存预读取能力（即 4 bit 数据读预取）。换句话说，DDR2 内存每个时钟能够以 4 倍外部总线的速度读/写数据，并且能够以内部控制总线 4 倍的速度运行。

由于 DDR2 标准规定所有 DDR2 内存均采用 FBGA 封装形式，而不同于目前广泛应用的 TSOP/TSOP-II 封装形式，FBGA 封装可以提供更为良好的电气性能与散热性，为 DDR2 内存的稳定工作与未来频率的发展提供了坚实的基础。DDR2 工作电压 1.8 V，240 针，中间有一个卡口，如图 1-26 所示。

### 5. DDR3 SDRAM

DDR3 是在 DDR2 基础上采用 8 bit 预取设计，是现时流行的内存产品。使用了 SSTL 15 的 I/O 接口，运作 I/O 电压是 1.5 V，采用 CSP、FBGA 封装方式包装，除了延续 DDR2 SDRAM 的 ODT、OCD、Posted CAS、AL 控制方式外，另外新增了更为精进的 CWD、Reset、ZQ、SRT、RASR 功能。与 DDR2 相比具有功耗和发热量较小、工作频率更高、降低显卡整体成本、通用性好的优势。其工作电压为 1.5 V，240 针，中间有一个卡口，如图 1-27 所示。

图 1-26　DDR2 内存条

图 1-27　DDR3 内存

### （四）硬盘

无论是操作系统，还是应用软件，都需要安装在硬盘上运行。没有硬盘，计算机几乎什么都做不了。容量和速度是衡量硬盘性能的重要指标。几年前，80 GB 被认为是海量存储，可如今 500 GB 甚至 1 TB 的容量也是很平常的了。短短的几年，硬盘技术飞速发展，使硬盘的容量更大、速度更快。

#### 1．硬盘的结构

硬盘存储数据是根据电、磁转换原理实现的。硬盘由一个或几个表面镀有磁性物质的金属或玻璃等物质盘片以及盘片两面所安装的磁头和相应的控制电路组成，如图 1-28 所示。其中盘片和磁头密封在无尘的金属壳中。

图 1-28　硬盘的物理结构

硬盘工作时，盘片以设计转速高速旋转，设置在盘片表面的磁头则在电路控制下径向移动到指定位置然后将数据存储或读取出来。当系统向硬盘写入数据时，磁头中"写数据"电流产生磁场使盘片表面磁性物质状态发生改变，并在写电流磁场消失后仍能保持，这样数据就存储下来了；当系统从硬盘中读数据时，磁头经过盘片指定区域，盘片表面磁场使磁头产生感应电流或线圈阻抗产生变化，经相关电路处理后还原成数据。因此只要能将盘片表面处理得更平滑、磁头设计得更精密以及尽量提高盘片旋转速度，就能造出容量更大、读/写数据速度更快的硬盘。这是因为盘片表面处理越平、转速越快就能越使磁头离盘片表面越近，提高读/写灵敏度和速度；磁头设计越小越精密就能使磁头在盘片上占用空间越小，使磁头在一张盘片上建立更多的磁道以存储更多的数据。

硬盘是由磁道（Tracks）、扇区（Sectors）、柱面（Cylinders）和磁头（Heads）组成的，如图 1–29 所示。硬盘上面被分成若干个同心圆磁道，如图 1–30 所示。每个磁道被分成若干个扇区，每扇区通常是 512 B。硬盘的磁道数一般介于 300~3 000 之间，每磁道的扇区数通常是 63。

硬盘由很多个磁片叠在一起，柱面（如图 1–31 所示）指的就是多个磁片上具有相同编号的磁道，它的数目和磁道是相同的。

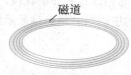

磁道

柱面

图 1–29　硬盘构造　　　　　图 1–30　磁道　　　　　图 1–31　柱面

硬盘的容量计算方法为：硬盘容量=柱面数×扇区数×每扇区字节数×磁头数。

### 2. 硬盘的分类

#### 1）IDE 接口硬盘

IDE 接口的硬盘也被称为 PATA 硬盘（并行 ATA），如今已经逐渐被 SATA 硬盘所取代，不过曾经在电脑市场中，IDE 接口硬盘一直占据了相当大的份额。这种类型的硬盘通过 IDE 数据线传输数据，IDE 硬盘的接口如图 1–32 所示。IDE 数据线分为 40 针和 80 针两种，这两种数据线在传输数据时速度明显不同，80 针的数据线传输速度远远高于 40 针数据线。

#### 2）SATA 接口硬盘

SATA（Serial ATA）接口的硬盘也被称为串口硬盘，是一种完全不同于并行 ATA 的新型硬盘接口类型，SATA 对应的数据线也不同，如图 1–33 所示。2001 年，由 Intel、APT、Dell、IBM、希捷、迈拓这几大厂商组成的 Serial ATA 委员会正式确立了 Serial ATA 1.0 规范。2002年,虽然串行 ATA 的相关设备还未正式上市,但 Serial ATA 委员会已抢先确立了 Serial ATA 2.0规范。Serial ATA 采用串行连接方式，串行 ATA 总线使用嵌入式时钟信号，具备了更强的纠错能力，与以往相比其最大的区别在于能对传输指令（不仅仅是数据）进行检查，如果发现错误会自动矫正，这在很大程度上提高了数据传输的可靠性。串行接口还具有结构简单、支持热插拔的优点。

图 1–32　IDE 接口硬盘

图 1–33　SATA 接口及数据线

串口硬盘相对于并行 ATA 来说，就具有非常多的优势。首先，Serial ATA 以连续串行的方式传送数据，一次只会传送 1 位数据。这样能减少 SATA 接口的针脚数目，使连接电缆数目变少，效率也会更高。实际上，Serial ATA 仅用四支针脚就能完成所有的工作，分别用于连接电缆、连接地线、发送数据和接收数据，同时这样的架构还能降低系统能耗和减小系统复杂性。其次，Serial ATA 的起点更高、发展潜力更大，Serial ATA 1.0 定义的数据传输率可达 150 MB/s，这比并行 ATA（即 ATA/133）所能达到 133 MB/s 的最高数据传输速率还高，Serial ATA 2.0 的数据传输速率为 300 MB/s，Serial ATA 3.0 数据传输速率可达到 600 MB/s。

### （五）显卡

显卡是显示适配器的俗称，其基本作用是接收 CPU 发出的显示信息并存放在显示存储器（显存）中，并由相应的电路对它们进行必要的转换，以形成适合显示器用的图形点阵信息，是计算机将信息输出到显示器的中间站，是连接显示器和计算机主板的重要元件，是"人机对话"的重要设备之一。

#### 1. 显卡的组成

显卡主要由显示芯片（GPU）、显存、BIOS 芯片、随机数模转换器（RAMDAC）、输出接口、显卡插槽以及卡上的电容和电阻等部件组成，如图 1-34 所示。

图 1-34　显卡的结构

#### 1）显示芯片

显示芯片是显卡的核心芯片，又称为图形处理器，其性能好坏直接决定了显卡的性能，它的主要任务就是处理系统输入的视频信息并进行构建、渲染等工作。显示芯片的性能直接决定了显卡性能的高低。不同的显示芯片，不论从内部结构还是其性能，都存在着差异，而其价格差别也很大。显示芯片在显卡中的地位，就相当于计算机中 CPU 的地位，是整个显卡的核心。因为显示芯片的复杂性，目前设计、制造显示芯片的厂家有 Intel、nVIDIA、ATI、SiS、VIA、Matrox 和 3D Labs 等公司。家用娱乐性显卡都采用单芯片设计的显示芯片，而在部分专业的工作站显卡上有采用多个显示芯片组合的方式。图 1-35 所示为一款 ATI 显示芯片的外观。

图 1-35　显示芯片

2）显存

显存是显示内存的简称。其主要功能就是暂时储存显示芯片要处理的数据和处理完毕的数据。图形核心的性能愈强，需要的显存也就越多。以前的显存主要是 SDR 的，容量也不大。市面上的显卡大部分采用的是 GDDR3 显存，现在最新的显卡则采用了性能更为出色的 GDDR5 显存。

3）显卡 BIOS

显卡 BIOS 主要用于存放显示芯片与驱动程序之间的控制程序，另外还存有显示卡的型号、规格、生产厂家及出厂时间等信息。启动计算机时，通过显示 BIOS 内的一段控制程序，将这些信息反馈到屏幕上。早期显示 BIOS 是固化在 ROM 中的，不可以修改，而多数显示卡则采用了大容量的 EPROM，即所谓的 Flash BIOS，可以通过专用的程序进行改写或升级。

4）随机数模转换器（RAMDAC）

主要由颜色查询表和三路数字/模拟转换器组成，把数字图像数据转换成计算机显示需要的模拟数据，显示器收到的是 RAM DAC 处理过后的模拟信号，RAMDAC 是单向不可逆电路，经过处理后的模拟信号不能再被转换成数字信号。

5）输出接口

显卡处理图像信息后，需要进行输出。目前最常见的显卡输出接口有 HDMI、VGA、DVI 和 S-Video 接口，如图 1-36 所示。

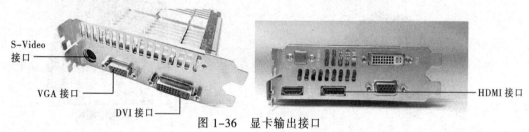

S-Video 接口
VGA 接口
DVI 接口
HDMI 接口

图 1-36　显卡输出接口

HDMI（High Definition Multimedia Interface）：高清晰度多媒体接口，是一种数字化视频/音频接口技术，是适合影像传输的专用型数字化接口，其可同时传送音频和影音信号，最高数据传输速度为 5Gbit/s。同时无须在信号传送前进行数/模或者模/数转换。

VGA（Video Graphics Array）：视频图形阵列接口，作用是将转换好的模拟信号输出到显示器中。

DVI（Digital Visual Interface）：数字视频接口，视频信号无须转换，信号无衰减或失真，是 VGA 接口的替代接口。

S-Video（Separate Video）：S 端子，也叫二分量视频接口，一般采用五线接头，它是用来将亮度和色度分离输出的接口，主要功能是为了克服视频节目复合输出的亮度跟色度互相干扰。

2. **显卡的分类**

显卡主要是按照接口类型进行分类。显卡发展至今主要出现过 ISA、PCI、AGP、PCI Express（PCI-E）等几种接口，目前的主流接口是 PCI Express，而 ISA、PCI、AGP 接口的显卡已经成为了历史。

PCI Express 传输方式从并行到串行的转变，是采用点对点的串行连接方式，它允许和每个设备建立独立的数据传输通道，不用再向整个系统请求带宽。PCI Express 的接口根据总线位宽不同而有所差异，包括×1、×4、×8以及×16，而×2模式将用于内部接口而非插槽模式。PCI Express 规格从 1 条通道连接到 32 条通道连接，有非常强的伸缩性，以满足不同系统设备对数据传输带宽不同的需求。此外，较短的 PCI Express 卡可以插入较长的 PCI Express 插槽中使用，还能够支持热拔插。

当前主流的 PCI Express ×16 图形接口包括两条通道，一条可由显卡单独到北桥芯片，而另一条则可由北桥芯片单独到显卡，每条单独的通道均将拥有 4 GB/s 的数据带宽，可充分避免因带宽所带来的性能瓶颈问题。图 1-37 所示为一款 PCI Express 3.0×16 显卡。

**（六）显示器**

显示器通常也被称为监视器，属于计算机的输入/输出设备。常见的有 CRT、LCD、LED 等。

**1. CRT 显示器**

CRT 显示器是一种使用阴极射线管（Cathode Ray Tube）的显示器，阴极射线管主要由五部分组成：电子枪（Electron Gun），偏转线圈（Deflection Coil），荫罩（Shadow Mask），荧光粉层（Phosphor）及玻璃外壳。它是应用最广泛的显示器之一，CRT 纯平显示器具有可视角度大、无坏点、色彩还原度高、色度均匀、可调节的多分辨率模式、响应时间极短等 LCD 难以超越的优点，而且现在的 CRT 显示器价格要比 LCD 便宜很多，如图 1-38 所示。

图 1-37　PCI Express 3.0×16 显卡

图 1-38　CRT 显示器

**2. LCD**

LCD（液晶显示器）英文全称为 Liquid Crystal Display，它是一种采用了液晶控制透光度技术来实现色彩的显示器。和 CRT 显示器相比，LCD 的优点是很明显的。由于通过控制是否透光来控制亮和暗，当色彩不变时，液晶也保持不变，这样就无须考虑刷新率的问题。对于画面稳定、无闪烁感的液晶显示器，刷新率不高但图像也很稳定。LCD 还通过液晶控制透光度的技术原理让底板整体发光，所以它做到了真正的完全平面。一些高档的数字 LCD 采用了数字方式传输数据、显示图像，这样就不会产生由于显卡造成的色彩偏差或损失。LED 完全没有辐射，即使长时间观看也不会对眼睛造成很大伤害。体积小、能耗低也是 CRT 显示器无法比拟的，一般一台 15 英寸 LCD 的耗电量也就相当于 17 英寸纯平 CRT 显示器的 1/3。图 1-39 所示为一款 LCD。

**3. LED 显示器**

LED 显示器（LED panel），是一种通过控制半导体发光二极管的显示方式，用来显示文字、图形、图像、动画、行情、视频、录像信号等各种信息。

LED 显示器与 LCD 相比，在亮度、功耗、可视角度和刷新速率等方面，都更具优势。LED

显示器与 LCD 的功耗比大约为 1:10，而且更高的刷新速率使得 LED 显示器在视频方面有更好的性能表现，能提供宽达 160°的视角，可以显示各种文字、数字、彩色图像及动画信息，也可以播放电视、录像、VCD、DVD 等彩色视频信号，多幅显示屏还可以进行联网播出。有机 LED 显示器的单个元素反应速度是 LCD 的 1 000 倍，在强光下也可观看，并且适应零下 40 ℃的低温。利用 LED 技术，可以制造出比 LCD 更薄、更亮、更清晰的显示器，拥有广泛的应用前景。图 1-40 所示为一款 LED 显示器。

图 1-39　LCD 显示器　　　　　　　　图 1-40　LED 显示器

### （七）光盘驱动器

光存储产品一直在 IT 行业中占有重要地位，它的高存储容量、数据持久性、安全性一直深受广大用户的青睐。一度在市场中占主流位置的 CD-ROM 随着人们对海量存储需要的飞速发展以及对视频音频的高质量的需求，已经逐渐退出计算机主流市场，而随着 DVD-ROM 产品的不断发展，DVD-ROM 已逐渐代替 CD-ROM，弥补其缺陷，更好地满足用户需要，成为市场的主流。

#### 1．光驱的分类

现在常见的光盘驱动器有：CD-ROM、DVD-ROM、DVD 刻录机、COMBO 光驱和蓝光光驱，它们主要在容量上、技术上、速度上存在较大的差异。

1）CD-ROM 光驱

CD-ROM 是光驱的最早形式，是一种只能对光盘读出信息而不能写入信息的光驱。它的制作成本低、信息存储量大而且保存时间长，如图 1-41 所示。

图 1-41　CD-ROM 光驱

CD-ROM 根据读取数据速度可分为单速 CD-ROM 驱动器和倍速 CD-ROM 驱动器。CD-ROM 的单速为 150 KB/s，而 16 倍速光驱的数据传输率就是 150×16=2 400 KB/s。

CD-ROM 光盘只有一面存储数据，且不同尺寸的光盘其存储容量不同。以 12 cm 的 CD-ROM 光盘为例，CD-R74 可存储 650 MB 的数据或 74 min 的音乐（一张 CD-R74 有 333 000 个扇区，每个扇区有 2 048 字节，它可录制 333 000×2 048=681 984 000 字节，即约 650 MB）。而现在市场上流行的 CD-R80 则可以存放 700 MB 的数据或 80 min 的音乐。

2）DVD-ROM 光驱

DVD 之前被称为 Digital Video Disc，因为 DVD 的涵盖规模已经超过当初规定的视频播映的范围，所以现在的 DVD 是指 Digital Versatile Disc，即"数字多功能光碟"或"数字多功能光盘"。它集计算机技术、光学记录技术和影视技术等为一体，其目的是满足人们对大存储容量、高性能的存储媒体的需求。DVD 光盘不仅已在音频/视频领域得到广泛应用，而且带动了出版、广播、通信和 WWW 等行业的发展。

与 CD-ROM 相比，DVD-ROM 的优势主要是容量大。DVD-ROM 的容量一般为 4.7 GB，是传统 CD-ROM 光盘的 7 倍，甚至更高。随着半导体激光的短波化、格式效率的提高和双层盘技术的应用，DVD 容量将进一步增加到 8.5 GB 以上。

DVD-ROM 驱动器用于读取 DVD 盘片上的数据，其外观与 CD-ROM 基本相似。但是 DVD-ROM 驱动器的读盘速度比 CD-ROM 驱动器提高了 4 倍以上，而且完全兼容现在流行的 VCD、CD-ROM、CD-R、CD-AUDIO，但是普通的光驱不能读取 DVD 光盘。图 1-42 所示为一款 DVD-ROM 光驱。

3）DVD 刻录机

DVD 刻录机向下兼容 CD-R 和 CD-RW，它分为 DVD+R、DVD-R、DVD+RW、DVD-RW 和 DVD-RAM。DVD 刻录机的外观和普通光驱差不多，如图 1-43 所示，在其前置面板上标有"写入""复写""读取"三种速度。

图 1-42　DVD-ROM 光驱

图 1-43　DVD 刻录机

4）COMBO 光驱

COMBO 俗称"康宝"，COMBO 光驱是一种集合 CD 刻录、CD-ROM 和 DVD-ROM 为一体的对功能光存储设备，图 1-44 所示为一款 COMBO 光驱。

5）蓝光光驱

蓝光光驱是能读取蓝光光盘的光驱。蓝光光盘是利用波长较短的蓝色激光读取和写入数据，并因此而得名。传统 DVD 光盘需要光头发出红色激光来读取或写入数据，通常来说波长越短的激光，能够在单位面积上记录或读取更多的信息。因此，蓝光极大地提高了光盘的存储容量，对于光存储产品来说，蓝光提供了一个跳跃式发展的机会。蓝光光驱向下兼容 DVD、VCD、CD 等格式，是未来台式计算机光驱的发展趋势。图 1-45 所示为一款蓝光光驱。

图 1-44　COMBO 光驱

图 1-45　蓝光光驱

## 2. 光驱的接口类型

光驱的接口是光驱与系统主机的物理连接，不同的接口决定了光驱与系统之间的数据传输速度。光驱采用过的接口类型主要有 5 种——SATA、IDE、USB、SCSI、IEEE 1394 和并口。

SCSI 应用范围广、速度最快，占用 CPU 资源远远低于 IDE 和并口，所以 CPU 可以将要刻录的数据安排和传输得更好，但 SCSI 的设备价格偏高，还需要用户去购买额外的 SCSI 卡，并且不方便安装维护。并口类型主要是指 SPP、EPP 和 ECP3 种刻录机，目前已经不见踪影。而 IDE 和 SATA 接口光驱是当今家用市场的主流，它具有安装方便、CPU 占用率低、性能稳定和价格合理等优点。USB 支持热插拔技术，携带方便，数据传输速率也很高，已经达到 DVD 的要求。IEEE 1394 接口传输速度相当高，主要用于笔记本电脑。

从光驱与主机的连接方式上看，光驱可以分为内置式、外置式、Tray 式和 Caddy 式。在相同的配置情况下，内置式光驱比较便宜，节省空间。外置式光驱携带比较方便，密封性和散热性较好，有的还具备中级的密码保护数据功能。

### （八）机箱和电源

#### 1. 机箱

机箱是计算机必不可少的设备，常见的机箱种类有 AT、Baby-AT、ATX、Micro ATX、LPX、NLX、Flex ATX、EATX、WATX 以及 BTX 等。

其中，AT 和 Baby-AT 是多年前的老机箱结构，现在已经被淘汰；LPX、NLX、Flex ATX 则是 ATX 的变种，多见于国外的品牌机，国内尚不多见；EATX 和 WATX 则多用于服务器/工作站机箱；ATX 则是目前市场上最常见的机箱结构，扩展插槽和驱动器仓位较多，扩展槽数可多达 7 个，而 3.5 寸和 5.25 寸驱动器仓位也分别达到 3 个或更多；Micro ATX 又称 Mini ATX，是 ATX 结构的简化版，就是常说的"迷你机箱"，扩展插槽和驱动器仓位较少，扩展槽数通常为 4 个或更少，3.5 寸和 5.25 寸驱动器仓位也分别只有 2 个或更少，多用于品牌机；BTX 则是下一代的机箱结构。

常见的 ATX 结构的机箱的内部构造如图 1-46 所示。ATX 机箱主要包括：

（1）5.25 寸固定架，可以安装光驱和 5 英寸硬盘。

（2）3.5 寸固定架，用于安装软驱和 3 英寸硬盘。

（3）电源固定架，用于固定电源。

（4）底板，用于固定主板的铁板。

（5）底板上的铜柱用于固定主板，机箱在出厂时已经将铜柱安装好。

（6）槽口用于固定板卡、打印口和鼠标口。

（7）在机箱下面一般还有 4 个脚垫。

其固定架结构如图 1-47 所示。

图 1-46　机箱的内部结构

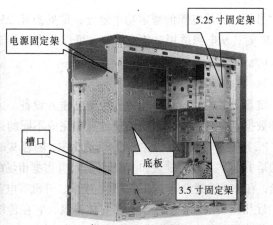

图 1-47　机箱固定架

#### 2. 电源

电源是整个计算机系统的动力站。计算机内部各元器件所需的电源电压有±3 V、±5 V、±12 V 等，一般市电电压为 220 V 交流且不稳定，计算机电源的作用主要是将 220V 交流电转换为主机内部所需的多种稳压直流电源。从规格上主要可以划分为 AT、ATX 和 Micro ATX 3 种类型。

1）AT 电源

AT 电源的功率一般在 150~250 W 之间，由 4 路输出（±5 V、±12 V），另外向主板提供一个 PG（接地）信号。输出线为两个 6 芯插座和一些 4 芯插头，其中两个 6 芯插座为主板提供电力。

AT 电源是通过控制 220 V 交流的接通和断开来控制电脑的开关，也就是说用户一按计算机的电源开关，计算机就立刻关闭，且不能实现软件开/关机，这也是很多电脑用户不满的地方。AT 电源在市场上已不多见，如果要安装 AT 电源到主板的电源插座上，一定要分清两个插头的方向，两个插头带黑线的一边要靠拢，然后再插入主板插座中，否则插反就会烧坏主板。

2）ATX 电源

ATX 电源是 Intel 公司 1997 年 2 月推出的电源结构，和以前的 AT 电源相比，在外形规格和尺寸方面并没有发生什么本质上的变化，但在内部结构方面却做了相当大的改动。

ATX 电源增加了一个电源管理功能，称为 Stand-By，即±3.3 V 和+5 V Stand-By 两路输出和一个 PS-ON 信号，并将电源输出线改为一个 20 芯（ATX 12V 2.0 为 24 芯）的电源线为主板供电，如图 1-48 所示。

图 1-48　ATX 电源

3）Micro ATX 电源

Micro ATX 是 Intel 公司在 ATX 电源的基础上改进的标准电源，其主要目的就是降低制作成本。Micro ATX 电源与 ATX 电源相比，其最显著的变化就是体积减小、功率降低。ATX 标准电源的体积大约是 150 mm×140 mm×86 mm，而 Micro ATX 电源的体积是 125 mm×100 mm×63.5 mm。目前 Micro ATX 电源大都在一些品牌机和 OEM 产品中使用，零售市场上很少看到。

另外，若从电源的额定功率划分，常见的有 250 W、300 W、350 W、400 W、450 W 和 500 W 等；从电源适用对象来划分，可以分为服务器类和台式机类等。

#### （九）键盘

#### 1. 键盘概述

键盘是微机系统最基本的人机交互输入设备。人们通过键盘上的按键直接向计算机输入各种数据、命令和指令，从而使计算机完成不同的运算和控制任务。

PC XT/AT 时代的键盘主要以 83 键为主，随着 Windows 系统的流行已经逐渐被淘汰。取而代之的是 101 键、104 键键盘和 107 键键盘，并占据市场的主流地位。107 键键盘又称为 Windows 98 键盘，在 104 键键盘上增加了睡眠、唤醒、开机等电源管理按键，位于键盘的右上方。

近几年又出现了一些新兴多媒体键盘，它在传统的键盘基础上又增加了常用快捷键或音量调节装置，使 PC 操作进一步简化，对于收发 E-mail、打开 IE、启动多媒体播放器等都只需要按相应的按键即可。同时在外形上也做了重大改善，着重体现了键盘的个性化。图1-49所示为微软的多媒体键盘。

目前台式机的键盘都采用活动式键盘，键盘作为一个独立的输入部件，具有自己的外壳。键盘面板根据档次采用不同的塑料压制而成，部分优质键盘的底部采用较厚的钢板以增加键盘的质感和刚性，但是增加了成本，所以不少廉价键盘直接采用塑料底座的设计。

图1-49　微软的多媒体键盘

#### 2. 键盘的分类

1）按照键盘的工作原理划分

键盘可以分为机械式键盘和电容式键盘两种。机械式键盘是最早被采用的结构，类似于金属接触式开关的原理使触点导通或断开，具有工艺简单、维修方便、手感一般、噪声大、易磨损的特性。大部分廉价的机械键盘采用铜片弹簧作为弹性材料，铜片易折易失去弹性，现在已基本被淘汰。

电容式键盘是基于电容式开关的键盘，原理是通过按键改变电极间的距离，从而产生电容量的变化，暂时形成震荡脉冲允许通过的条件。理论上这种开关是无触点非接触式的，磨损率极小甚至可以忽略不计，也没有接触不良的隐患，具有噪声小，容易控制，手感好等特点，但是制作工艺较机械式键盘复杂。

2）按照键盘的外形划分

键盘分为标准键盘和人体工程学键盘，人体工程学键盘是在标准键盘上将指法规定的左手键区和右手键区这两大板块左右分开，并形成一定角度，使操作者不必有意识的夹紧双臂，保持一种比较自然的形态，这种键盘被微软公司命名为"自然键盘"（Natural Keyboard），对于习惯盲打的用户可以有效地减少左右手键区的误击率，如字母"G"和"H"。图1-50是一款人体工程学键盘。

图1-50　人体工程学键盘

3）按照键盘的接口划分

不同的键盘适用不同的接口，键盘按其接口可以分为3种。

（1）AT接口：就是俗称的"大口"，它多应用于一些老式主板上，现已基本被淘汰。

（2）PS/2接口：基本是现在主流计算机的必备接口，接口的颜色是紫色，俗称"小口"，应用最为普遍。

（3）USB接口：它是一种应用在PC领域的接口技术，不仅可以连接键盘、鼠标，还可以连接其他USB设备，兼具热插拔的优点。

#### （十）鼠标

#### 1. 鼠标的工作方式

Windows操作系统的广泛使用，使鼠标的使用率越来越高。不同类型的鼠标其工作方式也不相同，下面就简要介绍一些常用鼠标的工作方式。

1）滚轮式鼠标

滚轮式鼠标的最大特点就是在底部的凹槽中有一个起定位作用从而使光标移动的滚轮。滚轮式鼠标按照工作原理又可分为第一代的纯机械式鼠标和第二代的光电机械式鼠标（简称光机式）。

（1）纯机械式鼠标：它的底部有一个滚球，当推动鼠标时，滚球就会不断触动旁边的小滚轮，产生不同强度的脉波，通过这种连锁效应，计算机能计算出游标的正确位置。这种鼠标已经逐渐被淘汰。

（2）光机式鼠标：就是平常所说的机械式鼠标，它是一种光电和机械相结合的鼠标。它的原理是紧贴着滚动橡胶球有两个互相垂直的传动轴，轴上有一个光栅轮，光栅轮的两边对应着发光二极管和光敏三极管。当鼠标移动时，橡胶球带动两个传动轴旋转，而这时光栅轮也在旋转，光敏三极管在接收发光二极管发出的光时被光栅轮间断地阻挡，从而产生脉冲信号，通过鼠标内部的芯片处理之后被 CPU 接收，信号的数量和频率对应着屏幕上的距离和速度。

2）光电式鼠标

光电式鼠标产品按照其年代和使用的技术可以分为两代产品。

第一代光电鼠标由光断续器来判断信号，需要使用一块特殊的反光板作为鼠标移动时的垫板。该垫板的主要特点是其中有微细的黑白相间的点。原因是在光电鼠标的底部，有一个发光的二极管和两个相互垂直的光敏管，当发光的二极管照射到白点或黑点时，会产生折射或不折射两种状态，而光敏管对这两种状态进行处理后产生相应的信号，从而使计算机作出反应，一旦离开垫板，光电鼠标就不能使用了。

目前市场上的光电鼠标都是第二代光电鼠标。第二代光电鼠标使用的是光眼技术，光电感应装置持续发射和接收光线，实现精准、快速的定位和指令传输。其优势在于分辨率和刷新率都比机械式鼠标高得多，定位也更准确。

3）指纹鼠标

指纹鼠标是具有指纹采集、识别功能的鼠标，适用于对安全性要求较高的个人、企业等。其价格较高，并不适合普通个人用户。

指纹鼠标上集成了一个指纹采集传感器，每次开启计算机时，使用者将特定的手指（一般是大拇指）放在传感器窗口，计算机自动进行扫描，然后与使用者存储在系统中的指印比较识别。指纹鼠标可以在登录系统、恢复屏幕保护的时候使用，也可以用在解压加密文件时。图 1-51 所示为一款指纹鼠标。

2. 鼠标的分类

按照鼠标与计算机的接口划分，鼠标分为串口、PS/2 接口和 USB 接口 3 种。使用最为普遍的是 PS/2 接口和 USB 接口，如图 1-52 所示，目前 USB 已逐渐取代 PS/2 接口成为主流。

图 1-51　指纹鼠标

图 1-52　PS/2 鼠标和 USB 鼠标

按照鼠标的内部构造划分，鼠标可分为机械鼠标和光电鼠标两种。

按照鼠标按键的数量划分，鼠标可分为单键、双键和三键鼠标。苹果计算机通常都使用单键鼠标，两键鼠标通常叫作 MS 鼠标，三键鼠标叫作 PC 鼠标。

按照鼠标有无连线划分，鼠标可分为有线和无线两种。无线鼠标又可以分为两种：红外无线型鼠标和电波无线型鼠标。红外无线型鼠标一定要对准红外线发射器后才可以活动自如，否则就没有反应；相反，电波无线型鼠标可以"随时随地传信息"。

随着网络的发展，现在 3D 鼠标、4D 鼠标得到广泛应用。3D 鼠标多了一个滚轮，它可以使用户在浏览网页和其他文档的时候，轻松拖动滚动条，但只能针对垂直滚动条。要想对水平滚动条也起作用，就要使用 4D 鼠标。

### 三、计算机硬件的性能指标

#### （一）CPU 的性能指标

CPU 作为整个计算机系统的核心，它的性能指标十分重要。了解 CPU 的主要技术特性对正确选择和使用 CPU 将有一定的帮助。下面简要介绍 CPU 的主要指标和参数。

#### 1. 字长

在同一时间中处理二进制数的位数叫字长。通常称处理字长为 8 位数据的 CPU 为 8 位 CPU，32 位 CPU 就是在同一时间内处理字长为 32 位的二进制数据。目前市场常见的 CPU 字长为 64 位。

#### 2. 主频、外频和倍频

CPU 的主频，即 CPU 内核工作的时钟频率（CPU Clock Speed）。通常所说的某某 CPU 是多少兆赫兹的，而这个多少兆赫兹就是"CPU 的主频"。例如常说的 Pentium 4 3.0GHz，其中 3.0 GHz（3 000 MHz）就是 CPU 的主频。外频是 CPU 乃至整个计算机系统的基准频率，单位是 MHz（兆赫兹）。在早期的计算机中，内存与主板之间的同步运行的速度等于外频，在这种方式下，可以理解为 CPU 外频直接与内存相连通，实现两者间的同步运行状态。对于目前的计算机系统来说，两者完全可以不相同，但是外频的意义仍然存在，其与主频成倍数关系。CPU 的倍频，是 CPU 主频率与外频之间的相对比例关系。理论上，倍频是从 1.5 一直到无限的。但需要注意的是，倍频是以 0.5 为一个间隔单位。外频与倍频相乘就是主频，所以其中任何一项提高都可以使 CPU 的主频上升。当外频不变时，提高倍频，CPU 主频也就提高。

#### 3. 前端总线频率

前端总线（FSB）频率直接影响 CPU 与内存直接数据交换速度。由于数据传输最大带宽取决于所有同时传输的数据的宽度和传输频率，即数据带宽 =（总线频率 × 数据位宽）÷ 8。目前 PC 上所能达到的前端总线频率有 266 MHz、333 MHz、400 MHz、533 MHz、800 MHz、1 066 MHz、1 333 MHz 等。前端总线频率越高，代表着 CPU 与内存之间的数据传输量越高，更能充分发挥出 CPU 的功能。现在的 CPU 技术发展很快，运算速度提高很快，而足够大的前端总线可以保障有足够的数据供给 CPU。较低的前端总线将无法供给足够的数据给 CPU，这样就限制了 CPU 性能得发挥，成为系统瓶颈。

#### 4. 缓存

CPU 缓存是（Cache Memory）位于 CPU 与内存之间的临时存储器，它的容量比内存小但交换速度快。在缓存中的数据是内存中的一小部分，但这一小部分是短时间内 CPU 即将访问的，当 CPU 调用大量数据时，就可避开内存直接从缓存中调用，从而加快读取速度。

L1 Cache（一级缓存）是 CPU 的第一层高速缓存，分为数据缓存和指令缓存。内置的一级高速缓存的容量和结构对 CPU 的性能影响较大，不过高速缓冲存储器均由静态 RAM 组成，结构较复杂，在 CPU 管芯面积不能太大的情况下，一级高速缓存的容量不可能做得太大。一般服务器 CPU 的 L1 缓存的容量通常在 32～4 096 KB。

L2 Cache（二级缓存）是 CPU 的第二层高速缓存，分为内部和外部两种芯片。内部的芯片二级缓存运行速度与主频相同，而外部的二级缓存只有主频的一半。二级缓存的容量比一级缓存大，可达 2～16 MB。

L3 Cache（三级缓存），分为两种，早期的是外置，现在大都为内置的。而它的实际作用即是，三级缓存的应用可以进一步降低内存延迟，同时提升大数据量计算时处理器的性能。降低内存延迟和提升大数据量计算能力对游戏很有帮助。而在服务器领域增加三级缓存在性能方面仍然有显著的提升。比如具有较大三级缓存的配置利用物理内存会更有效，故它比较慢的磁盘 I/O 子系统可以处理更多的数据请求。具有较大三级缓存的处理器能提供更有效的文件系统缓存行为及较短消息和处理器队列长度。

### 5. CPU 的工作电压

CPU 的工作电压（Supply Voltage），即 CPU 正常工作所需的电压。目前 CPU 的工作电压有一个非常明显的下降趋势，较低的工作电压主要三个优点：采用低电压的 CPU 的芯片总功耗降低了；功耗降低，系统的运行成本就相应降低，这对于便携式和移动系统来说非常重要，使其现有的电池可以工作更长时间，从而使电池的使用寿命大大延长；功耗降低，致使发热量减少，运行温度不高的 CPU 可以与系统更好地配合。目前主流 CPU 已经采用了 0.8～1.5 V 的工作电压。

### 6. 制造工艺

制造工艺指晶体管门电路的尺寸，目前单位为纳米（nm）。目前主流的 CPU 制程已经达到了 32 nm，更高的甚至已经有了 22 nm。

### （二）内存性能指标

#### 1. 内存容量

内存容量是指该内存的存储容量，是内存的关键性参数。内存容量以 MB 或 GB 作为单位。内存容量一般都是 2 的整次方倍，比如 128 MB、256 MB、512 MB 等，一般而言，内存容量越大越有利于系统的运行。目前台式机中主流采用的内存容量为 4 GB 和 8 GB。

#### 2. 内存频率与速度

内存主频和 CPU 主频一样，习惯上被用来表示内存的速度，它代表着该内存所能达到的最高工作频率。内存主频是以 MHz（兆赫）为单位来计量的。如 DDR 400 代表其工作频率为 400 MHz，工作频率越大，性能越好。

内存速度是用存取时间（TAC，Access Time from CLK）来表示的，以纳秒为单位，记为 ns。其值越小，表明存取时间越短，速度就越快。

### （三）硬盘的性能指标

#### 1. 容量

作为计算机系统的数据存储器，容量是硬盘最主要的参数。硬盘的容量如今一般都以吉字节（GB）为单位，1 GB=1 024 MB。但硬盘厂商在标称硬盘容量时通常取 1 GB=1 000 MB，同时在操作系统中还会在硬盘上占用一些空间，所以在操作系统中显示的硬盘容量和标称容量会存在差异。因此在 BIOS 中或在格式化硬盘时看到的容量会比厂家的标称值要小。

单碟容量也是硬盘相当重要的参数之一，一定程度上决定着硬盘的档次高低。硬盘是由多个存储碟片组合而成的，而单碟容量就是一个存储碟所能存储的最大数据量。硬盘厂商在增加硬盘容量时，可以通过两种手段：一个是增加存储碟片的数量，但受到硬盘整体体积和生产成本的限制，碟片数量都受到限制，一般都在 5 片以内；而另一个办法就是增加单碟容量。硬盘单碟容量的增加不仅仅可以带来硬盘总容量的提升，而且也有利于生产成本的控制，提高硬盘工作的稳定性。

对于用户而言，硬盘的容量就像内存一样，永远只会嫌少不会嫌多。Windows 操作系统带给人们的除了更为简便的操作外，还带来了文件大小与数量的日益膨胀，一些应用程序动辄就要占用上百兆的硬盘空间，而且还有不断增大的趋势。因此，在购买硬盘时适当的超前是明智的。目前的主流硬盘的容量为 500 GB，而 1 TB 以上的大容量硬盘亦已开始逐渐普及。

### 2. 转速

转速（Rotational Speed），是硬盘内电机主轴的旋转速度，也就是硬盘盘片在一分钟内所能完成的最大转数。转速的快慢是标示硬盘档次的重要参数之一，它是决定硬盘内部传输率的关键因素之一，在很大程度上直接影响到硬盘的速度。硬盘的转速越快，硬盘寻找文件的速度也就越快，相对的硬盘传输速度也就得到了提高。硬盘转速以每分钟多少转来表示，单位表示为 r/min 或 rpm，r/min 是 Revolutions Per Minute 的缩写，即"转/分"。其值越大，内部传输速率就越快，访问时间就越短，硬盘的整体性能也就越好。

硬盘的主轴马达带动盘片高速旋转，产生浮力使磁头飘浮在盘片上方。要将所要存取资料的扇区带到磁头下方，转速越快，则等待时间也就越短。因此转速在很大程度上决定了硬盘的速度。

目前市场上 7 200 r/min 的硬盘已经成为台式硬盘市场主流，而且 7 200 r/min 的硬盘在稳定性、发热量以及噪音控制等方面都已经非常成熟。服务器用户对硬盘性能要求最高，服务器中使用的 SCSI 硬盘转速基本都采用 10 000 r/min，甚至还有 15 000 r/min 的，性能要超出家用产品很多。

### 3. 缓存

缓存是硬盘控制器上的一块内存芯片，具有极快的存取速度，它是硬盘内部存储和外界接口之间的缓冲器。由于硬盘的内部数据传输速度和外界介面传输速度不同，缓存在其中起到一个缓冲的作用。缓存的大小与速度是直接关系到硬盘传输速度的重要因素，能够大幅度地提高硬盘整体性能。当硬盘存取零碎数据时需要不断地在硬盘与内存之间交换数据，如果有较大的缓存，则可以将那些零碎数据暂存在缓存中，减小外系统的负荷，也提高了数据的传输速度。

缓存容量的大小不同品牌、不同型号的产品各不相同，早期的硬盘缓存基本都很小，只有几百 KB，已无法满足用户的需求。8 MB 缓存是现今主流硬盘所采用，而在服务器或特殊应用领域中还有缓存容量更大的产品，甚至达到了 32 MB、64 MB 等。

### 四、计算机硬件的配置

#### （一）主板的选配

##### 1. 支持的 CPU 和芯片组

目前生产 CPU 的厂家主要是 Intel 和 AMD，生产芯片组的厂家有 Intel、VIA、SiS、AMD、nVIDIA、IBM 等，在选购时应考虑当前流行的系列。

##### 2. 品牌

在选配主板时还应考虑品牌。尽量选择口碑较好的一线品牌，目前较为知名的主板品牌有华硕、技嘉、微星等。

##### 3. 兼容性

选择兼容性好的主板。兼容性差的主板不容易与外围设备相匹配，性能优良的扩展板卡有可能因为主板兼容性问题而不能正常使用，大大影响系统性能。

##### 4. 扩展能力和升级能力

一般情况下，用户在购买计算机后有可能会再添加一些新的硬件设备，因此在选配主板时要考虑到扩展和升级能力，选择扩展插槽和接口多的主板。另外，由于 CPU 更新速度快，选择兼容 CPU 型号多的主板利于计算机升级。

#### （二）CPU 的选配

##### 1. CPU 品牌类型

长期以来，Intel 公司的 CPU 在商业应用、多媒体应用方面具有优势，性能比较稳定，但价格偏高，而 AMD 公司的 CPU 在三维制作、视频处理方面更胜一筹，价格相对便宜，但在散热等方面的性能相对较差。

##### 2. 按需选配

在选择 CPU 时，不要盲目追求高频率、高缓存。一台计算机性能的好坏取决于各个部件的相互配合，而非仅靠 CPU 一个部件决定性能优劣。

##### 3. 散装和盒装

散装 CPU 和盒装 CPU 在质量上是一致的，并没有本质的区别。两者的差别主要是在保质期，以及是否自带 CPU 风扇。通常情况下，盒装 CPU 的保质期为 3 年，一般自带风扇。散装 CPU 的保质期为 1 年，不带风扇。

#### （三）内存的选配

##### 1. 与主板相匹配

选配内存时首先要考虑到主板支持的内存插槽类型，其次要注意主板对内存的最高速度的限制，做到与主板内存插槽及速度限制相匹配。

##### 2. 内存芯片品牌

内存芯片在内存中的作用非同一般，在购买内存时，一定要查看内存上内存芯片，查看其是否为著名品牌的产品。目前知名的内存颗粒品牌有 HY（现代）、SAMSUNG（三星）和 Micron（美光）等。知名品牌的内存颗粒在做工上十分讲究，能够很好地保证内存芯片的兼容性和耐用性。

### 3. PCB 质量

内存 PCB 质量的好坏直接影响内存质量的好坏。一般情况下，质量较好的 PCB 都是使用 6 层板，手感较重，看上去颜色均匀，表面光滑，边缘部分整齐无毛边。

### （四）硬盘的选配

#### 1. 容量

选配硬盘时容量要适当，当前市场主流硬盘的容量是 500 GB、1 TB、2 TB，可以根据具体需求进行选择。

#### 2. 转速

高转速硬盘也是现在台式机用户的首选，目前硬盘的转速一般有 5 400 r/min 和 7 200 r/min 两种，因此选择转速是 7 200 r/min 的硬盘

#### 3. 缓存

早期的硬盘缓存基本都很小，只有几百 KB，已无法满足用户的需求。现今主流硬盘采用 8 MB 缓存，而在服务器或特殊应用领域中还有缓存容量更大的产品，甚至达到了 32 MB、64 MB 等。

#### 4. 接口类型

早期的 IDE 硬盘已经淘汰，目前市场上主流硬盘时 SATA 接口的串口硬盘，传输速度快，还可以支持热插拔。

#### 5. 品牌

口碑较好的硬盘厂商有西部数据（WD）、日立（Hitachi，2011 年 3 月被西部数据收购）、希捷（Seagate）、东芝（TOSHIBA）、富士通（FUJITSU）、三星（SAMSUNG）等，这些品牌值得信赖。

### （五）显卡的选配

#### 1. 根据实际需要选择显卡

对于多数用户来说，计算机主要用来办公、学习、上网、玩游戏、听音乐、看电影、处理视频、处理图形、编程等。在这些功能和用途中，与显卡关系较大的是玩游戏、视频处理以及图形处理等。计算机的用途决定了购买显卡的种类和品牌。比如，配置计算机是用来专门处理图形的，那么就需要配置专业的图形类显卡，其性能远远高于一般的显卡。如果配置计算机用来处理日常办公的事务，那么对显卡性能的要求就比较低。当然，显卡的性能不同，其价格也不同，用户要尽量选择性价比较高的产品。

#### 2. 选购好的 GPU

显卡的核心是显示芯片 GPU，就如同人体的大脑和心脏。看到一款显卡的时候，第一个要了解的也就是其 GPU 类型。不过要关心的不仅仅是 nVIDIA GeForce 或者 AMD Radeon，还有型号后边的 GT、GS、GTX、XT、XTX 等后缀，因为它们代表了不同的频率或者管线规格。

#### 3. 显存不是最重要的

大容量显存对高分辨率、高画质设定游戏来说是非常必要的，但绝非任何时候都是显存容量越大越好。

#### 4. 注重显卡的做工

显卡的做工是决定显卡质量的一个重要因素，目前市面上的显卡种类繁多，在质量上也

参差不齐，因此在选购显卡时，一定要观察显卡的做工。名牌大厂的显卡做工精良，用料扎实，而劣质显卡往往做工粗糙，用料也不考究。

### （六）显示器的选配

#### 1. 屏幕尺寸

目前主流的显示器尺寸为 19 英寸至 24 英寸，由于价格相差不大，可选择 22 英寸的显示器。

#### 2. 显示器种类

CRT 显示器已经被淘汰，目前市场主流显示器是 LCD、LED 显示器。LED 显示器在亮度、功耗、可视角度、刷新率等方面均优于 LCD，但由于生产工艺的限制，LED 显示器的价格比 LCD 高。

### （七）机箱电源的选配

#### 1. 机箱的选配

1）空间大

机箱内要放主板、各种板卡等设备，在选购时应考虑空间较大的机箱，为日后计算机升级做好准备。

2）机箱材质

制造机箱一般需要使用两种材料：金属和塑料。金属用来搭建机箱的整体构架，包括后面板、侧挡板以及机箱内部的部件挡板等；塑料主要用来制造前面板和其他部位的一些附属品。使用了上乘板材的机箱重量重，板材边缘光滑，无毛刺。

3）散热性能好

散热是机箱的一项重要功能，合理的散热结构是计算机正常、稳定运行的保障。随着 CPU 主频的不断升高，硬盘、显卡等配件的发热量的加大，机箱内部的散热应该是全方位的。一款机箱散热能力的好坏，取决于机箱大小、散热风道设计、加装散热风扇和配件位置设计。

4）防磁性能好

机箱内的电流会产生电磁场，随之产生电磁辐射，优质的机箱可以将磁场封锁在机箱之内，同时也保护主机不受外界的电磁干扰。

5）易拆装设计

对于广大 DIY 爱好者来说，拆装机器是家常便饭，有的发烧级用户在使用机箱时干脆拆掉了侧挡板和前面板以方便拆卸。厂商在设计机箱时也考虑到了这点，做了很多方便用户拆卸的设计：如侧挡板手拧钉设计、板卡免螺丝固定设计等。

#### 2. 电源的选购

1）电源重量

电源的重量不能太轻，目前电源一般都通过安全标准，都会额外增加一些电路板零组件，以增进安全稳定度，因此其重量会有所增加。另外电源内部的电子零件密度要足够大。在购买时，用户可以从散热孔看出电源的整体结构是否紧凑。

2）电源外壳

在电源外壳钢材的选材上，计算机电源的标准厚度有两种——0.8 mm 和 0.6 mm，使用的材质也不相同，用指甲在外壳上刮几下，如果出现刮痕，说明钢材品质较差，如果没有任何痕迹，说明钢材品质不错。

3）安全规格

为了防止电流过大造成烧毁，电源都设置有保险丝。保险丝的主要工作就是当电流突然过大时，保险丝先行烧毁，只要更换保险丝就能继续使用该电源，所以保险丝必须设计成可更换式。好的电源多采用防火材质的 PCB，用户在购买电源时，可以透过散热孔查看一下电源的 PCB 是否为防火材质。一般使用编号 94V0 的防火材质，可以耐 105 ℃的高温。如果采用 94V1 的防火材质，可以忍耐的温度就更高了。另外在电源每个零件外面必须加上热收缩膜进行保护，防止电子零件因为水分或是灰尘造成短路。如果没有，很容易出现故障。

4）电源的价格

目前电源的价格区间为几十到几百元，建议大家购买知名度比较高的品牌的电源，以确保质量。

## 五、笔记本电脑的配置

### （一）笔记本电脑简介

笔记本电脑的英文名称为 NoteBook，简称 NB，是一种小型、可携带的个人计算机，笔记本电脑有着与台式机类似的结构，同样有 CPU、内存、硬盘、显示器、键盘、鼠标，但是笔记本电脑的优势在于体积小、重量轻、携带方便一般的笔记本电脑的重量只有 1～3 kg。

### 1. 外壳

笔记本电脑的外壳既是保护机体的最直接的方式，也是影响其散热效果、"体重"。美观度的重要因素。笔记本电脑常见的外壳用料有合金外壳和塑料外盒。

合金外壳有铝镁合金与钛合金，如图 1-53 和图 1-54 所示。

图 1-53　镁铝合金外壳

图 1-54　钛合金外壳

塑料外壳有碳纤维、聚碳酸酯 PC 和 ABS 工程塑料，如图 1-55 和图 1-56 所示。

图 1-55　碳纤维外壳

图 1-56　ABS 工程塑料外壳

### 2. 显示屏

显示屏是笔记本的关键硬件之一，约占成本的 1/4 左右。显示屏主要分为 LCD 与 LED。

LCD 是液晶显示屏的全称，主要有 TFT、UFB、TFD、STN 等几种类型的液晶显示屏，常用的是 TFT。

而 LED 显示屏则是由发光二极管组成的。LED 显示屏和 LCD 相比，LED 显示屏在亮度、功耗、可视角度和刷新速率等方面，都更具优势，如图 1-57 所示。

### 3. 处理器

笔记本电脑专用的 CPU，英文名称为 Mobile CPU，是笔记本电脑最核心的部件，也是笔记本电脑成本较高的部件之一（通常占整机成本的 20%），如图 1-58 所示。

图 1-57　LED 显示屏

图 1-58　笔记本电脑的 CPU

同台式机一样，笔记本电脑的处理器，基本上是由 Intel 和 AMD 两大公司生产。最早的笔记本电脑直接使用台式机的 CPU，但是随 CPU 主频的提高，笔记本电脑狭窄的空间不能迅速散发 CPU 产生的热量，并且笔记本电脑的电池也无法负担台式 CPU 庞大的耗电量，所以开始出现专门为笔记本设计的 Mobile CPU，它的制造工艺往往比同时代的台式机 CPU 更加先进，因为 Mobile CPU 中会集成台式机 CPU 中不具备的电源管理技术，而且会先采用更高的精度。

### 4. 主板

笔记本主板是笔记本电脑上的核心配件，不同机型的机器用的主板也有所不同，甚至是同一个型号的机器也有可能有些区别，比如上面的接口多一个或者少一个，导致这台机器不能兼容这台机器。笔记本主板的厂家也有很多，品牌也有很多，一般制造笔记本电脑的厂商都拥有自己的主板及其系列，如图 1-59 所示。

图 1-59　笔记本电脑的主板

### 5. 硬盘

笔记本电脑所使用的硬盘一般是 2.5 英寸，而台式机为 3.5 英寸，笔记本电脑硬盘是笔记本电脑中为数不多的通用部件之一，基本上所有笔记本电脑硬盘都是可以通用的，如图 1-60 所示。标准的笔记本电脑硬盘有 9.5 mm，12.5 mm，17.5 mm 三种厚度。9.5 mm 的硬盘是为超轻超薄机型设计的，12.5mm 的硬盘主要用于厚度较大光软互换和全内置机型，17.5 mm 的硬盘是以前单碟容量较小时的产物，现在已经被淘汰。现在主流台式机的硬盘转速为 7 200 r/min，但是笔记本硬盘转速仍以 5 400 r/min 为主。

现在市场上部分笔记本电脑配置了固态硬盘，固态硬盘（Solid State Disk/IDE Flash Disk）是用固态电子存储芯片阵列而制成的硬盘，由控制单元和存储单元（Flash 芯片）组成。固态硬盘的接口规范和定义、功能及使用方法上与普通硬盘的完全相同，在产品外形和尺寸上也完全与普通硬盘一致，如图 1-61 所示。

图 1-60　2.5 英寸与 3.5 英寸硬盘 　　　　　　　　图 1-61　固态硬盘

### 6. 内存

笔记本电脑的内存可以在一定程度上弥补因处理器速度较慢而导致的性能下降。一些笔记本电脑将内存放置在 CPU 上或非常靠近 CPU 的地方，以便 CPU 能够更快地存取数据。有些笔记本电脑还有更大的总线，以便在处理器、主板和内存之间更快传输数据。

由于笔记本电脑整合性高，设计精密，对于内存的要求比较高，笔记本内存必须符合小巧的特点，需采用优质的元件和先进的工艺，拥有体积小、容量大、速度快、耗电低、散热好等特性。出于追求体积小巧的考虑，大部分笔记本电脑最多只有两个内存插槽。现在主流配置中，内存主要采用 DDR3 1333，如图 1-62 所示。

### 7. 电池

锂电池是当前笔记本电脑的标准电池，如图 1-63 所示。它们不但重量轻，而且使用寿命长。锂电池不存在记忆效应，可以随时充电，并且在过度充电的情况下也不会过热。此外，它比笔记本电脑上使用的其他电池都薄，因此是超薄型笔记本的理想选择。锂离子电池的充电次数在 950～1 200 次之间。

许多配备了锂离子电池的笔记本电脑宣称有 5 小时的电池续航时间，但是这个时间与电脑使用方式有密切关系。硬盘驱动器、其他磁盘驱动器和 LCD 都会消耗大量电池电量。甚至通过无线连接浏览互联网也会消耗一些电池电量。许多笔记本电脑型号安装了电源管理软件，以延长电池使用时间或者在电量较低时节省电能。

图 1-62　笔记本电脑的内存 　　　　　　　　图 1-63　锂电池

### 8. 显卡

笔记本电脑的显卡主要分为：集成显卡、独立显卡和核芯显卡，需要注意的是，核芯显卡和传统意义上的集成显卡并不相同，如图 1-64 所示。目前笔记本平台采用的图形解决方案主要有"独立"和"集成"两种，前者拥有单独的图形核心和独立的显存，能够满足复杂庞大的图形处理需求，并提供高效的视频编码应用；集成显卡则将图形核心以单独芯片的方式集成在主板上，并且动态共享部分系统内存作为显存使用，因此能够提供简单的图形处理能力，以及较为流畅的编码应用。

图 1-64　笔记本电脑的显卡

相对于前两者，核芯显卡则将图形核心整合在处理器当中，进一步加强了图形处理的效率，并把集成显卡中的"处理器+南桥+北桥（图形核心+内存控制+显示输出）"三芯片解决方案精简为"处理器（处理核心+图形核心+内存控制）+主板芯片（显示输出）"的双芯片模式，有效降低了核心组件的整体功耗，更利于延长笔记本电脑的续航时间。

### （二）笔记本电脑选购原则

#### 1. 从实际需求出发

在购买之前首先要明确自己的使用范围，自己购买笔记本电脑用来干什么。笔记本不能由自己选购配件，而是厂商已经配好套餐，消费者选的只是不同品牌的不同套餐，在选购笔记本时只能根据消费者的需求，针对某种配件做主要参考，其他为辅的原则选。

#### 2. 性能第一的原则

笔记本电脑的性能直接影响着使用者的工作效率，也影响到笔记本电脑价格。针对不同用户群，产品可分为：低端产品、中端产品、中高端产品和高端产品。

低端产品，一般都是遵循够用原则，其配置可以满足用户最基本的移动办公的需要，例如进行文字处理、上网浏览网页等。

中端产品则可以较好地满足大部分用户更多的需要，例如日常办公、学习、娱乐等。

中高端产品作为中端产品的升级，一般在配置上都会有一些特色和亮点，例如突出影音娱乐方面，可以玩大部分的游戏等。

高端产品可以说采用的配置都是目前最好的，可以说其性能甚至高于一般的台式机，进行图像处理、运行 3D 游戏等都可以胜任。

#### 3. 可扩展性的原则

笔记本电脑不像台式机那样具有良好的扩展性，所以在购买时要充分考虑各类接口的类型、个数以及功能模块。不能只着眼于当前，应适当考虑将来的扩展性。

#### 4. 重量适度、外观大方

移动性是笔记本电脑最大的特点，所以重量也是选购笔记本电脑时考虑的一个重要因素。此外，笔记本电脑的外观同样重要，在购买时一定要看好样机，另外，目前 14 英寸占据了笔记本电脑市场的主流，15 英寸紧随其后，屏幕的长宽比不再采取标准的 4:3，而是采取 16:9，16:10，15:9 等多种比例。

#### 5. 散热与电池要有保证

笔记本电脑受体积的限制，因此在选购时还应该考虑散热问题。另外，还需要考虑笔记本电脑电池的续航能力，充足的供电时间可以给人们移动办公带来足够的便利。

#### 6. 品牌与售后服务

目前笔记本电脑的品牌包括惠普、宏基、戴尔、联想、华硕、东芝等。良好的品牌是性能与质量的保证，因此在选购时应该尽可能选择大公司的名牌产品，但也不要迷信名牌，在选购时还要考虑其售后服务的方便性。

**任务实施**

## 一、任务场景

李明要购买 3 台价值 4 000 元左右的组装机，为经理购买一台价值 1 万元左右的笔记本电脑。他请销售人员给出装机配置方案。

## 二、实施过程

### 1. 配置价格在 4 000 元左右的办公用组装机

由于是办公用计算机，要求并不高，只要确保运行速度快，稳定即可。商城的销售人员为李明提供了市场的计算机硬件报价，供其参考（计算机硬件价格时效性较强，此处报价仅为当时价格，仅供参考），如表 1-1 所示。

表 1-1　市场电脑硬件报价

| 硬　件 | 型　号 | 价格（元） |
|---|---|---|
| CPU | Intel 酷睿 i3 2100（盒） | 670 |
| | Intel 酷睿 i7 2600K（盒） | 2000 |
| | Intel 酷睿 i5 2300（盒） | 1290 |
| | Intel 奔腾 G620（盒） | 360 |
| | Intel 酷睿 i3 2105（盒） | 820 |
| | Intel 奔腾双核 E6500（盒） | 425 |
| | Intel 奔腾双核 E5400（盒） | 405 |
| | AMD 速龙 II X4 640（盒） | 510 |
| | AMD 速龙 II X2 250（盒） | 295 |
| | AMD 速龙 II X4 631（盒） | 360 |
| | AMD 羿龙 II X4 955（黑盒） | 570 |
| | AMD 速龙 II X2 255（盒） | 310 |
| | AMD 速龙 II X2 260（盒） | 320 |
| 主板 | 华硕 P8H61-M LE | 499 |
| | 华硕 P8Z68-V LX | 899 |
| | 华硕 P8H61 | 599 |
| | 华硕 M4A88T-M LE | 549 |
| | 华硕 P8P67 LE | 899 |
| | 华硕 M4A87T PLUS | 599 |
| | 华硕 M5A78L-M LX | 499 |
| | 华硕 P5G41T-M LX V2 | 479 |

| 硬　件 | 型　号 | 价格（元） |
|---|---|---|
| 主板 | 华硕 P5G41T-M LX3 | 399 |
| | 技嘉 GA-H61M-S2-B3 | 499 |
| | 技嘉 GA-Z68P-DS3 | 899 |
| | 技嘉 GA-880GM-D2H(rev.1.x) | 599 |
| | 技嘉 GA-870A-USB3 | 699 |
| | 技嘉 GA-G41MT-S2 | 399 |
| | 技嘉 GA-H67MA-USB3-B3 | 799 |
| | 技嘉 GA-H61M-DS2 | 469 |
| 内存 | 金士顿 1GB DDR400 | 240 |
| | 金士顿 2GB DDR2-800 | 195 |
| | 金士顿 2GB DDR3-1333 | 105 |
| | 金士顿 4GB DDR3-1333 | 185 |
| | 金士顿 8GB DDR3-1333 | 310 |
| | 威刚万紫千红 1GB DDR400 | 235 |
| | 威刚万紫千红 2GB DDR2-800 | 190 |
| | 威刚万紫千红 2GB DDR3-1333 | 100 |
| | 威刚万紫千红 4GB DDR3-1333 | 180 |
| | 威刚万紫千红 8GB DDR3-1333(单条) | 305 |
| 硬盘 | 希捷 Barracuda 1TB 7200 转 32MB SATA3（ST31000524AS） | 410 |
| | 希捷 Barracuda 500GB 7200 转 16MB SATA（ST3500418AS） | 330 |
| | 希捷 Barracuda 500GB 7200 转 16MB SATA3（ST500DM002） | 330 |
| | WD 500GB 7200 转 16MB SATA3 蓝盘（WD5000AAKX） | 340 |
| | WD 320GB 7200 转 16MB SATA2（WD3200BEVT） | 258 |
| | WD 1TB 7200 转 32MB SATA2（WD10EALS） | 510 |
| 显卡 | 七彩虹 iGame550Ti 烈焰战神 U D5 1024M R50 | 799 |
| | 铭瑄 GTX560SE 巨无霸 | 899 |
| | 蓝宝 HD7750 1G GDDR5 白金版 | 799 |
| | 迪兰 HD7850+酷能 2G | 2099 |
| | 讯景 HD-687A-CDF 2G 雪狼上校版 | 1499 |
| | 翔升 GTX560 金刚版 1G D5 | 1299 |
| 显示器 | 三星 S22B360HW 屏幕尺寸：22 英寸 | 1099 |
| | 三星 S19A330BW 屏幕尺寸：19 英寸 | 799 |
| | 三星 S23A300B 屏幕尺寸：23 英寸 | 1239 |
| | AOC e2343F（LED 屏） 屏幕尺寸：23 英寸 | 1090 |
| | AOC e2243Fw 屏幕尺寸：21.5 英寸 | 969 |
| | AOC 919Sw+ 屏幕尺寸：19 英寸 | 660 |
| | 长城 L1970 屏幕尺寸：19 英寸 | 730 |

| 硬　件 | 型　号 | 价格（元） |
|---|---|---|
| 显示器 | 长城 L2280　屏幕尺寸:21.5 英寸 | 900 |
| | 飞利浦 229CL2SB/93　屏幕尺寸:21.5 英寸 | 930 |
| | 飞利浦 234CL2SB　　屏幕尺寸:23 英寸 | 1070 |
| | 飞利浦 193E1SB/93　屏幕尺寸:19 英寸 | 739 |

　　经过反复斟酌，李明最终选择 Intel 酷睿 i3 2100（盒）作为 CPU，主板选择了 GA-H67MA-USB3-B3。之所以选择该主板，是因为它自带板载显卡，可以不用单独购买显卡，能节省不少经费。同时也为日后的升级做了准备，将来可以添加独立显卡，也可更换高性能的 i7 系列 CPU。内存选择威刚一条 4GB DDR3 1333,硬盘选择希捷( ST500DM002 )500GB 7200 转 16MB SATA3，显示器选择三星 S22B360HW（LED），光驱选用华硕 DVD-E818A9T（带刻录功能），机箱选用金河田极冻，电源选用长城 ATX-350P4，音箱选用漫步者 R201T06，鼠标键盘选用双飞燕 KB-8620D 防水飞燕光电键鼠套装，合计费用为 3 875 元。具体配置单如表 1-2 所示。

表 1-2　电脑配置报价表

| 配　件 | 品牌型号 | 价格（元） |
|---|---|---|
| CPU | Intel 酷睿 i3 2100（盒） | 670 |
| 主板 | GA-H67MA-USB3-B3 | 799 |
| 内存 | 威刚 4GB DDR3-1333 | 180 |
| 硬盘 | 希捷（ST500DM002）500GB 7200 转 16MB SATA3 | 330 |
| 显示器 | 三星 S22B360HW（LED） | 1099 |
| 机箱 | 金河田极冻 | 230 |
| 电源 | 长城 ATX-350P4 | 168 |
| 光驱 | 华硕 DVD-E818A9T | 129 |
| 音箱 | 漫步者 R201T06 | 200 |
| 鼠标、键盘 | 双飞燕 KB-8620D 防水飞燕光电键鼠套装 | 70 |
| | | 合计：3875 元 |

## 2. 买一台价值 1 万元左右的商务办公笔记本电脑

　　经理经常出差，笔记本电脑要携带方便，外观要简单大方。他平时处理的文档多，要求计算机运行速度快，性能稳定，性价比要高。销售员推荐了三款商务笔记本电脑，分别为戴尔 Vostro 成就 3450、联想 ThinkPad L421（7826AF4）、惠普 2560p（B2X85PA），具体参数见表 1-3～表 1-5。

表 1-3　戴尔 Vostro 成就 3450 配置表（8499 元）

| CPU 型号 | Intel 酷睿 i7 2640M | 内存容量 | 6GB DDR3 1333MHz |
|---|---|---|---|
| CPU 频率 | 2.8GHz | 硬盘容量 | 750GB 7200 转 SATA |
| 显卡类型 | 独立显卡 | 光驱类型 | DVD 刻录机 |
| 显卡芯片 | AMD Radeon HD 6630M　1GB | 屏幕尺寸 | 14 英寸 |
| 重量 | 2.28 kg | 上市时间 | 2012 年 2 月 |

表1-4　联想 ThinkPad L421 配置表（9660元）

| CPU 型号 | Intel 酷睿 i7 2640M | 内存 | 4GB DDR3 1333MHz |
|---|---|---|---|
| CPU 频率 | 2.8GHz | 硬盘 | 500GB 7200 r/minSATA |
| 显卡类型 | 独立显卡 | 光驱类型 | DVD 刻录机 |
| 显卡芯片 | AMD Radeon HD 6470M + Intel GMA HD 3000 | 屏幕尺寸 | 14 英寸 |
| 重量 | 2.32 kg | 上市时间 | 2012 年 2 月 |

表1-5　惠普 2560p（B2X85PA）配置表（1.15万元）

| CPU 型号 | Intel 酷睿 i7 2640M | 内存容量 | 4GB DDR3 1333MHz |
|---|---|---|---|
| CPU 频率 | 2.8GHz | 硬盘容量 | 750GB 7200 r/minSATA |
| 显卡类型 | 核芯显卡 | 光驱类型 | 无内置光驱 |
| 显卡芯片 | Intel GMA HD 3000 | 屏幕尺寸 | 12.5 英寸 |
| 重量 | 1.75 kg | 上市时间 | 2012 年 3 月 |

　　以上戴尔、联想、惠普三款笔记本电脑都是在 2012 年上半年新上市的，CPU 都是 Intel 酷睿 i7 2640M，其他硬件都是市场主流配置，售后服务有保障。考虑到经理处理文档多，要求运行速度快，在选择硬盘和内存时尽量选择容量大的，在选择显卡时尽量选择独立显卡。

　　经过详细比较，李明选择了戴尔 Vostro 成就 3450（V3450D-578），该款笔记本电脑内存是 6 GB，硬盘是 750 GB，采用独立显卡，自带 DVD 刻录机，重量为 2.28 kg，且价格为 8499 元相对便宜，同另外两款相比较性价比最高。

### 任务小结

　　通过完成本次任务，读者应掌握如何写计算机硬件配置单。

　　（1）掌握了计算机硬件及性能指标。

　　（2）掌握了计算机硬件的选配原则。

# 项目拓展实训

## 一、实训名称

制订装机配置方案。

## 二、实训目的

（1）熟悉计算机硬件及性能指标。

（2）掌握计算机硬件的选配原则。

（3）能够根据要求制订装机方案。

（4）能够对装机方案进行性价比评定。

### 三、实训内容

到商城进行调查，了解当前市场主流配置，搜集最新资料作为参考。制订一个兼容机装机方案，要求有主板、CPU、内存、显卡、硬盘、显示器、光驱、机箱+电源、鼠标、键盘等部件，计算机总价在 5 000 元左右。

### 四、实训要求

（1）制订一个 Intel 平台的计算机配置方案。
（2）制订一个 AMD 平台的计算机配置方案。

# 任务二  计算机硬件组装

### 任务提出

台式机的硬件散件已经买好了，如何把这些硬件组装起来呢？李明想亲手组装一台计算机，他向商城的技术人员求助。

### 任务分析

要正确组装台式机硬件，需要掌握以下知识点：
（1）计算机硬件组装前的注意事项。
（2）计算机硬件组装前的工具、材料准备。
（3）计算机硬件的组装步骤。

### 相关知识

## 一、计算机硬件组装前的准备

### （一）计算机硬件组装的注意事项

组装计算机前要注意以下事项：
（1）防止人体所带静电对电子器件造成损伤。在硬件安装前，先要消除身上带的静电。最好佩戴防静电手环，也可以用手摸自来水管、暖气管等接地设备。
（2）对各个硬件要轻拿轻放，不被碰撞，切勿失手将计算机部件掉落在地板上，特别是对于 CPU、硬盘等性质较脆且价格昂贵的部件，在开机测试时禁止移动计算机，以防止损坏硬盘的贵重部件。
（3）装机前还要仔细阅读各种部件的说明书，特别是主板说明书。

### （二）计算机硬件组装前的工具、材料准备

常言道"工欲善其事，必先利其器"，如果没有合适的工具，组装计算机就会变得很麻烦。组装计算机前需要准备以下几种工具。

### 1. 螺丝刀

一般在组装计算机时会用到两种类型的螺丝刀，其中一种是"十"字型，另一种是"一"

字型。由于计算机上的螺钉大多都是"十"字型的，所以用户只要准备一把"十"字螺丝刀即可。那么为什么要准备磁性的螺丝刀呢？这是因为计算机器件安装后空隙较小，一旦螺钉掉落在其中，想取出来会很麻烦。另外，磁性螺丝刀还可以吸住螺钉，在安装时非常方便。如果需要，用户也可以准备一把"一"字型螺丝刀，不仅方便安装，而且可以用来拆开产品包装盒、包装封条等。

**2. 镊子**

用户还应准备一把大号的医用镊子，它可以用来夹取螺钉、跳线帽及其他的一些小零碎东西。

**3. 尖嘴钳**

钳子在安装计算机时用处不是很大，但对于一些质量较差的机箱来讲，钳子也会派上用场。它可以用来拆断机箱后面的挡板。这些挡板一般用手来回折几次就会断裂脱落，但如果机箱钢板的材质太硬，那就需要钳子帮忙。

**4. 散热膏**

在安装 CPU 时散热膏（硅胶）必不可少，大家可购买优质散热膏（硅胶）备用。

**5. 准备好组装计算机所用的配件**

"巧妇难为无米之炊"，组装计算机各种配件是必不可少的，比如 CPU、主板、内存、显卡、硬盘、软驱、光驱、机箱电源、键盘鼠标、显示器、各种数据线/电源线等。

**6. 电源插座**

由于计算机系统不止一个设备需要供电，所以一定要准备万用多孔型插座一个，以方便测试机器时使用。

**7. 器皿**

计算机在安装和拆卸的过程中有许多螺钉及一些小零件需要随时取用，所以应该准备一个小器皿，用来盛装这些东西，以防止丢失。

**8. 工作台**

为了方便进行安装，用户应该有一个高度适中的工作台，无论是专用的电脑桌还是普通的桌子，只要能够满足用户的使用需求即可。

## 二、计算机硬件的组装步骤

计算机硬件组装的重点是主机部分的组装，其组装方法基本相同，具体步骤如下：

（1）清理工作台，将硬件放好，将螺钉等小零件放在器皿中。

（2）在主板上安装 CPU、CPU 风扇和内存条。

（3）在主机箱中固定已安装 CPU 和内存的主板。

（4）在主机箱上装好电源。

（5）连接主板上的电源及 CPU 风扇电源线。

（6）安装硬盘和光驱。

（7）安装其他板卡，如显卡、声卡、网卡等。现在的板卡大多数都集成到主板上，不需要安装。

（8）连接主机箱面板上的开关、指示灯等信号线。

（9）连接各部件的电源插头和数据线到主板，并连接显示器。

（10）安装键盘、鼠标、等设备、并连接显示器。

（11）开机前最后检查机箱内部。察看是否有剩余的螺钉、板卡等遗落在里面。察看连接线整理是否到位。

（12）连接电源，加电开机检查和测试。

### 任务实施

### 一、任务场景

技术员摆好了一套要组装的计算机硬件部件，李明在一旁也摆好了一套部件，他按照技术员的要求开始了第一次装机。具体硬件部件如表 2-1 所示。

表 2-1　电脑硬件部件表

| 部　件 | 品 牌 型 号 | 部　件 | 品 牌 型 号 |
|---|---|---|---|
| CPU | Intel 酷睿 i3 2100（盒） | 机箱 | 金河田极冻 |
| 主板 | GA-H67MA-USB3-B3 | 电源 | 长城 ATX-350P4 |
| 内存 | 威刚 4GB DDR3 1333 | 光驱 | 华硕 DVD-E818A9T |
| 硬盘 | 希捷（ST500DM002）500 GB 7200 r/min 16MB SATA3 | 音箱 | 漫步者 R201T06 |
| 显示器 | 三星 S22B360HW（LED） | 鼠标、键盘 | 双飞燕 KB-8620D 防水飞燕光电键鼠套装 |

### 二、实施过程

#### 1．拆卸机箱、安装电源

首先将机箱放到工作台上，用"十"字螺丝刀把机箱上的挡板固定螺钉拧开（现在有些计算机机箱是没有螺钉的，很容易就可以拆卸掉机箱外壳，大大方便了经常动手拆卸计算机的用户）。

把与机箱配套的配件包打开，里面有很多小配件，如图 2-1（a）图所示。配件包中有很多不同型号大小的螺钉，一般分专门固定硬盘用的螺钉，专门固定主板、光驱、软驱的螺钉，专门固定机箱挡板、电源用的螺钉，专门固定显卡、声卡等内置插卡的螺钉；有为了整齐、通风而把电源线、软驱线、硬盘线捆绑在一起的塑料扎线；还有为了适合不同类型主板的机箱挡片以及支撑主板的铜柱等。

机箱打开后，如果电源是另配的，那么就得将其安装在机箱的预留位置上，并用 4 个螺丝固定好。安装时，要留意对应机箱后部预留的开口与电源背面的螺丝孔位置，否则容易把电源装反，如图 2-1（b）图所示。

（a）　　　　　　　　　　　　　　　　（b）

图 2-1　配件包和安装电源后的机箱

2. **安装 CPU 和风扇**

将主板上 LGA1155 插座的固定杆向上抬起，如图 2-2 所示。然后打开 CPU 的固定保护盖，如图 2-3 所示。

图 2-2　拉起固定杆

图 2-3　打开 CPU 保护盖

打开保护盖后的 LGA 1155 插槽如图 2-4 所示。然后从 CPU 包装盒中取出 CPU 芯片，注意 CPU 芯片上有两个缺口，如图 2-5 所示。

图 2-4　打开保护盖的插座

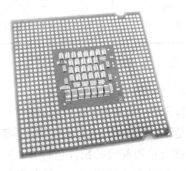

图 2-5　CPU 芯片

拿稳 CPU 芯片，按照与插槽对应的方向将其缓缓平放在插槽中，如图 2-6 所示。

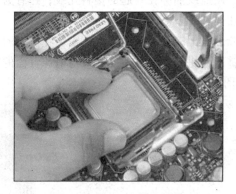

图 2-6　将 CPU 放入插槽

确定方向正确后，用手将 CPU 保护盖盖上，然后向下用力压下固定拉杆，这样 CPU 芯片就固定好了，如图 2-7 和图 2-8 所示。

图 2-7　压下固定拉杆

图 2-8　固定好的 CPU 芯片

接下来，就可以安装 CPU 风扇了。将风扇和固定架垂直对准 CPU，缓慢下降轻轻地放在 CPU 的上方，然后扣紧固定螺钉，如图 2-9 所示。

把散热风扇装上后，还要将风扇的电源接口插在主板上，如图 2-10 所示。

图 2-9　安装 CPU 风扇

图 2-10　连接 CPU 风扇电源

### 3. 安装内存

在组装计算机时，需要先把内存安装在主板上之后，再将主板放入机箱内进行固定。下面介绍内存的安装方法。

把内存取出来，用力扳开白色的内存卡子，然后按照内存上的缺口跟内存插槽（DDR3 DIMM）缺口一致的方向插上，确保方向没有错的情况下，均匀用力压下，如图 2-11 所示。此时应该听到"啪，啪"的两声，这是固定内存的卡子正常扣紧了内存时发出的声音。

如果需要启用双通道功能，则按照主板说明书上的说明在另外一个相同颜色内存插槽中再安装一条内存，如图 2-12 所示。

图 2-11　插入内存条

图 2-12　安装双通道内存

#### 4. 安装主板、主板电源和相关的连接线

把支撑主板的铜柱取出来，拧在主板上的预留位置上，如图 2-13 所示。

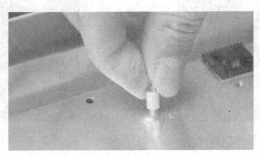

图 2-13　安装主板固定螺钉

把安装好内存、CPU 和散热风扇的主板轻轻放在铜柱上，并对准位置，再用专门固定主板的螺钉一一拧紧。安装螺钉的时候按主板对角线的顺序，拧的时候最好先拧到一半，等螺钉都拧上了再一一拧紧，这样是为了防止当用户把一个螺钉拧紧后，其他的螺钉有可能因为对不上位置而拧不进去。

将主板平缓放入机箱中，然后查看主板是否正确放入机箱内部，如图 2-14 和图 2-15 所示。

图 2-14　将主板放入机箱

图 2-15　查看主板是否正确装入机箱

用螺钉和螺刀将主板固定在机箱中，如图 2-16 所示。主板安装好的效果如图 2-17 所示。

图 2-16　固定主板

图 2-17　主板安装好的效果

机箱上一般都带有电源开关线、复位（Reset）线、电源指示灯线、硬盘指示灯线、喇叭线等，这些线是要与主板上的相关插针相连的。这些插针集中在主板的一个区域，如图 2-18 所示。

图 2-18　主板上的插针

对照主板说明书上具体说明，将这些线头插到它们对应的插针上。其实，即使没有说明书，用户也能从主板的插针旁边的字母标示上看出来。按照通常的约定，PW 代表电源开关线的插针，RESET 代表复位线插针，PWR-LED 代表电源指示灯线插针，HDD-LED 代表硬盘指示灯线插针，SPEAKER 代表喇叭线插针。

（1）找到主板电源线，将其插入主板插座，如图 2-19 所示。目前大部分主板采用了 24 针的供电电源设计，但仍有些主板为 20 针，大家在购买主板时需要引起注意，以便购买适合的电源。

（2）插入 CPU 专用的电源插头，如图 2-20 所示。这里使用了高端的 8 针设计（早期产品的插头为 4 针），以提供 CPU 稳定的电压供应。

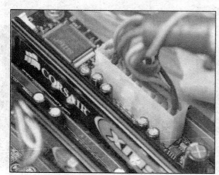

图 2-19　插入主板电源线

图 2-20　插入 CPU 电源接头

### 5. 安装显卡

如果选择的是 PCI-E 的显卡，则必须把它安装在 PCI-E 插槽上，然后拧上螺钉；如果是 AGP 的显卡，则需要把显卡安装在 AGP 插槽上，然后拧上螺钉。我们以市场上主流的 PCI-E 接口的显卡为例进行介绍，如图 2-21 所示。

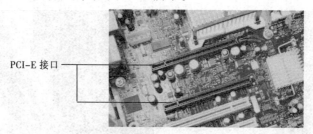

PCI-E 接口

图 2-21　主板上的 PCI-E 接口

双手握住显卡，将其平稳地插入插槽中，如图 2-22 所示。然后用螺钉固定显卡就完成了安装过程。

### 6. 安装光驱

在安装之前，先做一个提醒：为了安装的方便，光驱和硬盘等驱动器的安装可以在安装主板之前进行。

（1）安装光驱之前先从面板上拆下一个5英寸槽口的挡板，然后将光驱从机箱前面放入，如图2-23所示。

图2-22　插入显卡　　　　　　　　　　　　　图2-23　装入光驱

（2）把光驱安装在5英寸固定架上，保持光驱的前面和机箱面板齐平，在光驱的每一侧用两个螺钉初步固定，先不要拧紧，这样可以对光驱的位置进行细致的调整，然后再把螺钉拧紧，这是考虑到面板的美观所采取的措施。

（3）下面连接光驱电源线和数据线，如图2-24所示。

图2-24　安装光驱电源线和数据线

### 7. 安装硬盘

下面安装硬盘。这里用的是3.5英寸的SATA接口硬盘，它是装在3.5英寸固定架上的，如图2-25所示。

（1）为了方便硬盘的安装，我们把3.5英寸固定架卸下来，如图2-26所示。

图2-25　硬盘固定架　　　　　　　　　　　　图2-26　将固定架卸下

（2）将硬盘插到固定架中，注意方向，如图 2-27 所示。保证硬盘正面朝上，电源接口和数据线接口必须对着主板。安装好硬盘后，同样需要用螺钉（一般需要用粗螺纹的螺钉，仔细观察一下即可发现粗螺纹与细螺纹的差别）固定，如图 2-28 所示。

（3）将固定架装回到机箱里，用螺钉固定好，如图 2-29 所示。

图 2-27　安装硬盘　　　　图 2-28　固定在固定架上　　图 2-29　把硬盘固定在机箱上

（4）接下来连接硬盘的数据线和电源线。把数据线和电源线一端接到硬盘上，另外一端的数据线则需要接到主板的 SATA 接口中，如图 2-30 和图 2-31 所示。由于接线插头都有防呆设计，因此不会有插错方向的问题。

图 2-30　连接硬盘上的电源线和数据线　　图 2-31　将数据线另一端连接到主板上的 SATA 接口

（5）如果安装 IDE 接口的硬盘，其数据线和电源线连接方法与光驱的连接方法相同。只需要把数据线上标识 System 的一头接在主板的 IDE 接口上，如图 2-32 所示。然后把有标识 Master 的一头接在主启动硬盘上，标识 Slave 的一头可以接在第二块硬盘上（此时这块硬盘就要按着硬盘上标明的方法改变跳线使之变成从盘，这样计算机才能识别两块硬盘，否则只能识别一块，或者两块都识别不到，所以一定要注意硬盘的跳线）。连接好数据线和电源线的 IDE 硬盘如图 2-33 所示。

图 2-32　将硬盘数据线的 System 端插在主板上　　图 2-33　IDE 硬盘数据线和电源线的连接方法

### 8. 连接计算机

把键盘的接口接在主板上的键盘接口上，现在的计算机部件都是符合 PC99 规范的，有明显的彩色标志，比如主板上的键盘接口是紫色，PS/2 鼠标接口是绿色，跟键盘接口、PS/2 鼠标接口的颜色是一致的，这样在连接键盘和鼠标时候就不会插错了。键盘和鼠标的连接如图 2-34 所示。

另外要注意一点就是插接时看好方向再插入，避免键盘、鼠标的接口针被插歪了，从外面看不出来问题所在，但计算机就是不认键盘和鼠标。

接着把显示器的接口（15 针）接到显卡上，如图 2-35 所示。注意也要对正后轻轻插上，由于也是梯形接口，所以插接时不需要用很大的力气，否则就会把针插歪或插断，导致显示器显示不正常。

下面连接音箱到声卡的连线，普通的音箱是由一对喇叭组成的，所以连接起来很简单，即把喇叭后面的一根线缆，接到声卡的 SPEAKER OUT，或 LINE OUT 接口上，如图 2-36 所示。

图 2-34　连接键盘和鼠标　　　　图 2-35　连接显示器　　　　图 2-36　连接声卡

最后把主机的电源线插在电源的输入口上。现在，已经安装并连接完所有的部件，在封闭机箱之前，应用橡皮筋扎好各种连线后固定在远离 CPU 风扇的地方。

经过以上这些步骤，整个计算机组装过程结束。要实际使用计算机，还需要经过 BIOS 优化、安装操作系统及应用软件等多个步骤，具体内容请查看相关章节。

### 任务小结

通过完成本次任务，读者应掌握如何组装计算机硬件部件。

（1）掌握了计算机硬件组装前的注意事项。

（2）掌握了计算机硬件组装的步骤。

# 项目拓展实训

### 一、实训名称

计算机硬件组装。

### 二、实训目的

（1）掌握计算机硬件组装的步骤。

（2）掌握计算机硬件组装的注意事项。

（3）能够按要求完成计算机硬件的组装。

### 三、实训内容：

将实训室提供的主板、CPU、内存、显卡、硬盘、显示器、光驱、机箱、电源、鼠标、键盘等部件按要求组装起来。

## 四、实训要求

（1）硬件组装前按要求做好准备工作。

（2）硬件安装时按步骤进行。

# 任务三　操作系统的安装

### ✦任务提出

只有硬件系统没有软件系统的计算机俗称裸机，只有装好操作系统才能正常使用，李明请技术员教他安装操作系统。

### ✦任务分析

要给计算机安装操作系统，需要掌握以下知识点：

（1）操作系统概述。

（2）硬盘的分区和格式化。

（3）BIOS 和 CMOS 的设置。

（4）操作系统的安装方式。

（5）驱动程序的安装。

### ✦相关知识

## 一、操作系统概述

操作系统是计算机软件系统的重要组成部分，是软件的核心。一方面它是计算机硬件功能面向用户的首次扩充，它把硬件资源的潜在功能用一系列命令的形式公布于众，从而使用户可通过操作系统提供的命令直接使用计算机，成为用户与计算机硬件的接口。另一方面它又是其他软件的开发基础，即其他系统软件和用户软件都必须通过操作系统才能合理组织计算机的工作流程，调用计算机系统资源为用户服务。

### （一）操作系统的功能

从资源管理的角度看，操作系统具有处理器管理、存储器管理、设备管理和文件管理的功能。从用户的角度看，操作系统还必须为用户提供方便的用户接口。

#### 1. 处理器管理

处理器管理是指实现处理器的分配和回收等问题。在多道程序或多用户的情况下，要组织多个作业同时运行，而 CPU 的个数一般少于作业数，于是就要对处理器进行有效地管理，使其达到最佳工作状态。因此处理器管理的任务就是解决如何把 CPU 合理、动态地分配给多道程序系统，从而使得多个处理任务同时运行且互不干扰，极大地发挥处理器的工作效率。

## 2. 存储器管理

存储器管理是指操作系统对内存的管理。在多道程序环境下，允许内存中同时运行多个程序，就必须提高内存的使用效率。操作系统的存储器管理主要包括：

（1）存储分配与回收：内存分配所要解决的问题。

（2）存储保护：保证进程间互不干扰、相互保密。

（3）地址映射：进程逻辑地址到内存物理地址的映射。

（4）内存扩充：提高内存利用率、扩大进程的内存空间。

## 3. 设备管理

设备管理的主要任务是管理计算机系统中所有的外围设备。系统负责设备的驱动和分配，为设备提供缓冲区以缓和 CPU 同各种外设的 I/O 速度不匹配的矛盾，并响应用户提出的 I/O 请求，发挥设备的并行性，提高设备的利用率。

## 4. 文件管理

在现代计算机系统中，通常把程序和数据以文件的形式存储在外存储器上供用户使用，在操作系统中配置了有关文件管理的软件，主要任务是对用户文件和系统文件进行有效管理，实现文件的共享、保护和保密，保证文件的安全性。

## 5. 用户接口

用户通过操作系统提供的接口使用计算机，通常操作系统向用户提供 3 种接口。

（1）命令接口：用户通过一组键盘命令发出请求，命令解释程序对该命令进行分析，然后执行相应的命令处理程序以完成相应的功能。

（2）程序接口：提供一组系统调用命令供用户程序和其他系统程序调用。当这些程序要求进行数据传输、文件操作时，通过这些命令向操作系统发出请求，并由操作系统代为完成。

（3）图形接口：是操作系统为用户提供的一种更加直观的方式，它是命令接口的图形化形式。图形接口借助于窗口、对话框、菜单和图标等多种方式实现。用户可以通过鼠标指示操作系统完成相应的功能。

## （二）操作系统的特点

不同类型的操作系统都共同具备以下 4 个基本特点：并发性、共享性、虚拟性和异步性。

### 1. 并发性

所谓并发，是指两个或两个以上事件在同一时间间隔内发生。

### 2. 共享性

所谓共享是指系统中的硬件和软件资源可为多个用户同时使用。操作系统的主要职能之一就是组织好对资源的共享，使系统资源得到高效利用。操作系统的共享分为互斥共享和并发共享。

### 3. 虚拟性

所谓虚拟是指把物理上的一个实体变成逻辑上的多个对应物。前者是实的，即实际存在的；后者是虚的，即用户感觉上的。在操作系统中利用了多种虚拟技术，分别用来虚拟处理机、虚拟内存、虚拟外围设备和虚拟信道等。

### 4. 异步性

所谓异步性是指内存中的每个进程何时执行，何时暂停，以怎样的速度向前推进，每道程序总共需要多少时间才能完成等，都是不可预知的。

### （三）Windows 操作系统概述

Windows 是一个为个人计算机和服务器用户设计的多用户多任务操作系统。它的第一个版本 Windows 1.0 由 Microsoft 公司于 1985 年 11 月发行，最终获得了世界个人计算机操作系统软件的垄断地位。

1990 年 5 月，Microsoft 公司推出 Windows 3.0。最初的 Windows 3.X 系统只是 DOS 的一种 16 位应用程序，但在 Windows 3.1 中出现了剪贴板、文件拖动等功能，这些以及 Windows 的图形界面使用户的操作变得简单。

1993 年 8 月，Windows NT 3.1 最终发布。Windows NT 采用了一种全新的技术，支持多处理机，采用客户/服务器结构，具有很强的网络支持功能，是当年最流行的操作系统之一。

1995 年 8 月，Microsoft 公司推出 Windows 95（又称 Chicago），它是 Windows 发展史的一个转折点，是一个 32 位的独立操作系统。

1998 年 6 月，Windows 98 发布。它是 Microsoft 公司在 Windows 95 基础上进一步增加 Internet 网络操作功能推出的，是 Windows 9X 的最后一个版本。越到后来的版本的操作系统可以支持的硬件设备种类越多，采用的技术也越先进。

2000 年 2 月，Microsoft 公司推出 Windows 2000 最终版本。Windows 2000 即为 Windows NT 5.0，这是 Microsoft 公司为解决 Windows 9X 系统的不稳定和 Windows NT 的多媒体支持不足推出的一个版本。Windows 2000 将 Windows 98 与 Windows NT 的特性结合起来，比 Windows 9X 更快、更安全可靠。

Windows Me（Windows 千禧版）是 Microsoft 公司 2000 年 10 月推出的面向家庭用户的操作系统，它具有 Windows 9X 和 Windows 2000 的特性，它实际上是由 Windows 98 改良得到的，但较 Windows 98 有更强的稳定性，更简便的家庭网络功能，更好的多媒体工具，更简单的上网操作功能。

Windows XP 是为家庭用户和商业计算设计的，发布于 2001 年 10 月，"XP" 是英文单词 experience 的缩写，译为"体验"。它主要有两个版本：Windows XP Professional 要面向企业和高级家庭的用户；Windows XP Home 主要面向普通的家庭。

Windows Vista 于 2007 年 1 月正式发布。Windows Vista 包含了最新版的图形用户界面、Windows Aero 视觉风格、新的多媒体创作工具 Windows DVD Maker 等新功能。Windows Vista 具有很高的安全性，甚至让使用者不用安装防毒软体就可以安全地连接至网际网络，并附有 Windows Defender，能防止间谍程序的入侵。

Windows 7 于 2009 年 10 月正式发布，核心版本号为 Windows NT 6.1。Windows 7 可供家庭及商业工作环境、笔记本电脑、平板电脑、多媒体中心等使用。Windows 7 包括 32 位及 64 位两种版本，如果用户希望安装 64 位版本，则需要支持 64 位运算的 CPU 的支持。Windows 7 改进了基于角色的计算方案和用户账户管理，在数据保护和坚固协作的固有冲突之间搭建沟通桥梁，同时也会开启企业级的数据保护和权限许可。

Windows 8 是微软于 2012 年 10 月推出的最新 Windows 系列系统。Windows 8 支持个人电脑（X86 构架）及平板电脑（X86 构架或 ARM 构架）。它大幅改变以往的操作逻辑，提供更佳的屏幕触控支持。新系统画面与操作方式变化极大，采用全新的 Metro（新 Windows UI）风格用户界面，各种应用程序、快捷方式等能以动态方块的样式呈现在屏幕上。

## 二、硬盘的分区和格式化

硬盘分区计算机中存放信息的主要的存储设备就是硬盘，但是硬盘不能直接使用，必须对硬盘进行分割，分割成的一块一块的硬盘区域就是磁盘分区。格式化是一种纯物理操作，同时对硬盘介质做一致性检测，并且标记出不可读和坏的扇区。由于大部分硬盘在出厂时已经格式化过，所以只有在硬盘介质产生错误时才需要进行格式化。

在传统的磁盘管理中，将一个硬盘分为两大类分区：主分区和扩展分区。主分区是能够安装操作系统，能够进行计算机启动的分区，这样的分区可以直接格式化，然后安装系统，直接存放文件。磁盘分区后，必须经过格式化才能够正式使用，格式化后常见的磁盘格式有：FAT（FAT16）、FAT32、NTFS、ext2、ext3 等。

所以，分区和格式化就相当于为安装软件打基础，实际上它们为计算机在硬盘上存储数据起到标记定位的作用。

### （一）DM 分区工具的使用

DM 是由 ONTRACK 公司开发的一款老牌的硬盘管理工具，在实际使用中主要用于硬盘的初始化，如低级格式化、分区、高级格式化和系统安装等。

下载 DM 的压缩包，解压到一个目录，在 DOS 环境中输入"dm"即可进入 DM，按任意键进入主画面，如图 3-1 所示。DM 提供了一个自动分区的功能，完全不用人工干预全部由软件自行完成，选择主菜单中的（E）asy Disk Installation 命令即可完成分区工作。这种分区的方法虽然方便，但是不能按照用户的意愿进行分区，因此一般情况下不推荐使用。

一般采用手动方式进行分区，选择"（A）dvanced Options"命令进入二级菜单，然后选择"（A）dvanced Disk Installation"命令进行分区，如图 3-2 所示。

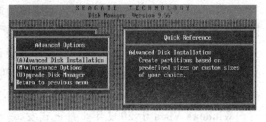

图 3-1　DM 主菜单　　　　　　　　　　图 3-2　Advanced Options 菜单

接着会显示硬盘的列表，直接按【Enter】键即可，如图 3-3 所示。

如果有多个硬盘，【Enter】键后可以选择对哪个硬盘进行分区，如图 3-4 所示。

图 3-3　显示硬盘　　　　　　　　　　　图 3-4　显示多个硬盘

然后是分区格式的选择，一般来说选择 FAT32 的分区格式，如图 3-5 所示。

接下来是一个确认是否使用 FAT32 的窗口，这要说明的是 FAT32 跟 DOS 存在兼容性，也就是说在 DOS 下无法使用 FAT32，如图 3-6 所示。

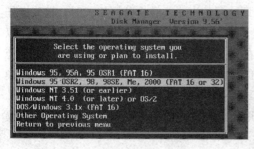

图 3-5　选择 FAT32 分区格式　　　　　　　图 3-6　FAT32 格式确认

DM 提供了一些自动的分区方式让用户选择，如果需要按照自己的意愿进行分区，选择"OPTION（C）Define your own"，如图 3-7 所示。

接下来是确认分区的大小，可以输入自己设定的分区大小，如图 3-8 所示。

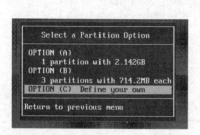

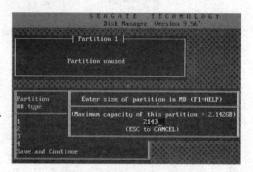

图 3-7　按个人意愿进行分区　　　　　　　图 3-8　设置分区大小

设定完成后要选择 Save and Continue 命令保存设置的结果，此时会出现提示窗口，再次确认设置，如果确定按【Alt + C】键继续，否则按任意键回到主菜单。

接下来是提示窗口，是否进行快速格式化，是否按照默认的簇进行，最后出现是最终确认的窗口，选择确认即可开始分区的工作，如图 3-9 所示。

完成分区工作会出现重新启动计算机的提示，按要求重启计算机，如图 3-10 所示。这样就完成了硬盘分区工作。

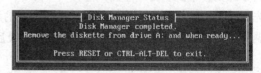

图 3-9　确认分区　　　　　　　图 3-10　重启计算机完成分区

（二）用 Partition Magic 对磁盘进行分区和格式化

分区操作对初学者来说是一件麻烦而危险的工作，其中主要原因是很多操作都要在 DOS 下进行。而 Partition Magic 能在 Windows 界面中非常直观地显示磁盘分区信息并且能对磁盘进项各种操作。

项目一　计算机组装

PM 最大的优点在于，当用 PM 对硬盘进行分区、调整大小、转换分区格式时，相关操作都是所谓"无损操作"，不会影响到磁盘中的数据。用 PM 对硬盘进行操作并不复杂，下面以 PM 8.0 为例进行介绍。PM 主界面比较简单，在右上方直观地列出了当前硬盘的分区以及使用情况，在其下方是详细的分区信息（见图 3-11）。在左边的分栏中，列有常见的一系列操作，选择任意分区再点选一个操作就会弹出其向导界面。PM 的操作会形成一个操作队列，必须在单击左下角的"应用"按钮后才起能起作用，而在此之前用户可以任意撤销和更改操作，并不会对磁盘产生影响。

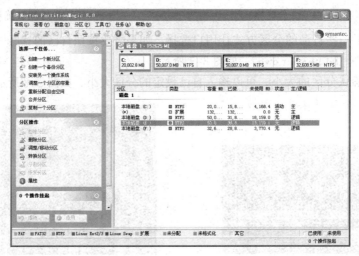

图 3-11　Partition Magic 主界面

### 1. 创建磁盘分区

磁盘上如果还有空闲的空间，或者是因为某种原因删除了某个分区，那么这部分的磁盘空间 Windows 是无法访问的。可以在 PM 提供的向导的帮助下，可在一个硬盘上创建分区：选中未分配的空间后单击窗口左侧的"创建分区"命令，在"创建分区"对话框中选择要创建的分区是"逻辑分区"还是"主分区"，一般选者逻辑分区；接着选择分区类型，PM 支持 FAT16、FAT32、NTFS、HPFS、Ext2 等多种磁盘格式，作为 Windows XP 用户，一般选择 NTFS 格式。同时，用户还可以输入分区的卷标、容量、驱动器盘符号等。

### 2. 重新分配自由空间

有时会发现硬盘中各个盘空间存在诸多不合理的情况，但如何才能快速地对它们进行重新分配呢？单击主窗口左侧"选择一个任务"下的"重新分配自由空间"，在向导的提示下，先选择要调整的硬盘，然后勾选要重新分配的那些盘符，在"确认更改"选项组中，将看到调整前后的各分区大小对比（见图 3-12），最后点击"完成"按钮即可。

### 3. 调整分区容量

很多用户在计算机使用一段时间后，发现系统盘的剩余空间越来越少，而其他盘的闲置空间又非常多，可否将这些空闲的空间分配给 C 盘（系统盘），以便让系统运行更流畅呢？可单击左侧的"调整一个分区的容量"命令，在向导的提示下就能调整各分区的空间大小，用户只需要选择从哪个盘提取空间，提取多少即可，如图 3-13 所示。

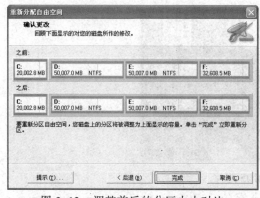
图 3-12　调整前后的分区大小对比

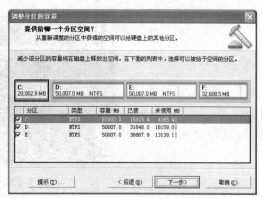
图 3-13　调整分区容量

### 4. 转换分区格式

在 Windows XP 中虽然带了 FAT 分区转换位 NTFS 分区的工具，但是转换过程不能逆转，而在 PM 中，可以在两种格式之间互相转化。只要先在分区列表中选择要转换的分区盘符，单击左侧"分区操作"下的"转换分区"命令，在弹出的对话框中便可以选择将其转换为哪一种文件系统以及分区的格式（主分区或逻辑分区），如图 3-14 所示。变成灰色的选项表示当前条件不满足，单击"确定"按钮之后，应用更改，所选分区就转换为相应的格式。

图 3-14　转换分区

## 三、BIOS 和 CMOS 的设置

### （一）BIOS 和 CMOS 的联系与区别

BIOS 是 Basic Input/Output System 的缩写，意思是基本输入/输出系统。完整地说应该是 ROM-BIOS，是只读存储器基本输入/输出系统的简写。它实际上是被固化到计算机中的一组程序，为计算机提供最低级的、最直接的硬件控制。更准确地说，BIOS 是硬件与软件程序之间的一个"转换器"或者说是接口（虽然它本身也只是一个程序），负责解决硬件的即时需求，并按软件对硬件的操作要求具体执行。

从功能上看，BIOS 分为三个部分：

（1）自检及初始化程序。

（2）硬件中断处理。

（3）程序服务请求。

CMOS 是 Complementary Metal Oxide Semiconductor（互补金属氧化物半导体）的缩写。它是指制造大规模集成电路芯片用的一种技术或用这种技术制造出来的芯片，是计算机主板上的一块可读写的 RAM 芯片。因为它具有可读写的特性，所以在计算机主板上用来保存 BIOS 设置的计算机硬件参数后的数据，这个芯片仅仅是用来存放数据的。

现在的 CMOS 芯片通常都集成在主板的 BIOS 芯片里面（所以主板上一般看不到 CMOS 芯片，只能看到 BIOS 芯片），如图 3-15 所示。

平时说的 BIOS 设置和 CMOS 设置其实都是一回事，就是通过 BIOS 程序对计算机硬件进行设置，设置好的参数放在 CMOS 芯片里面。但是 CMOS 芯片和 BIOS 芯片却是两个完全不同的概念。

图 3-15　BIOS 芯片

BIOS 是主板上的一块 EPROM 或 EEPROM 芯片，里面装有系统的重要信息和设置系统参数的设置程序（BIOS Setup 程序）；CMOS 是主板上的一块可读/写的 RAM 芯片，里面装的是关于系统配置的具体参数，其内容可通过设置程序进行读/写。CMOS RAM 芯片靠后备电池供电，即使系统掉电后信息也不会丢失。BIOS 与 CMOS 既相关又不同：BIOS 中的系统设置程序是完成 CMOS 参数设置的手段；CMOS RAM 既是 BIOS 设定系统参数的存放场所，又是 BIOS 设定系统参数的结果。

（二）BIOS 的设置

由于 BIOS 直接和系统硬件资源进行交互，因此总是针对某一类型的硬件系统，而各种硬件系统又各有不同，所以存在各种不同种类的 BIOS，随着硬件技术的发展，同一种 BIOS 也先后出现了不同的版本，新版本的 BIOS 比起老版本来说，功能更强。

目前市场上主要的 BIOS 有 AMI BIOS、Award BIOS 和 Phoenix-Award BIOS。

1. 进入 CMOS

如果是组装的计算机，并且是 Award、AMI、Phoenix 公司的 BIOS 设置程序，那么开机后按【Delete】键或小键盘上的【Del】键就可以进入 CMOS 设置界面，如图 3-16 所示。

如果是品牌机（包括台式计算机或笔记本计算机），如果按【Delete】不能进入 CMOS，那么就要看开机后计算机屏幕上的提示，一般是出现【Press XXX to Enter SETUP】，直接按"XXX"键就可以进入 CMOS。

如果没有任何提示，就要查看计算机的使用说明书。如果实在找不到，那么可尝试下面的这些品牌机常用的键：【F2】、【F10】、【F12】、【Ctrl + F10】、【Ctrl+Alt+F8】、【Ctrl+Alt+Esc】等。

图 3-16　按【Del】键进入
CMOS 设置

2. 设置 BIOS

按下【Delete】键后，首先跃入眼帘的是 CMOS 设置主界面（不同的 BIOS 程序和版本界面可能不一样，但是具体的操作方法大同小异），如图 3-17 所示。

在这个设置界面里，可以按键盘上的 4 个方向键来选择具体的选项，选择了某个选项后按【Enter】键就可以进入这个选项。比如说选择了第二项 Advanced BIOS Features，按【Enter】键后就会出现下面的界面，如图 3-18 所示。

图 3-17　CMOS 设置界面　　　　　图 3-18　Advanced BIOS Features 选项

再用方向键选择，选定了后就可以按键盘上的【Page Down】键或【Page Up】键来改变值（有些 BIOS 版本是设计的按【Enter】键后再按方向键来选择值）。

修改完毕后，按【Esc】键可以退出 Advanced BIOS Features 选项回到主界面。

要退出 CMOS 设置，有两个选择，一个保留刚才的设定退出，可以选择 Save & Exit Setup（或按键盘上的【F10】键），在这个选项上回车后再选择【Y】键即可。

另一个就是选择 Exit Without Saving 或按【Esc】键，按【Y】键后就是不保留设定退出，如图 3-19 所示。

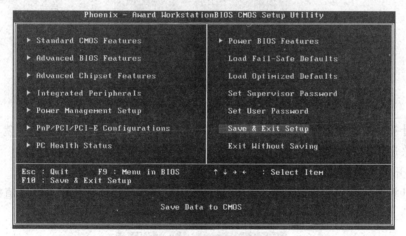

图 3-19　退出 CMOS

### 3. 常用优化设置项

如果两台计算机的 CMOS 里面设置得不一样，那么启动速度就会不一样。按照下面介绍的几种方法去改变 CMOS 里面的参数，相信计算机启动速度会有所提高。

1）改变计算机的启动顺序

新买计算机的主板上 CMOS 的启动顺序出厂默认值是 "A，C，SCSI"，如图 3-20 所示。

如果不改变，那么计算机每次启动就是先从 A 盘启动，如果 A 盘是启动盘，计算机就直接从 A 盘启动。当检测完 A 盘里面没有启动程序后，再跳转到 C 盘启动。对于正常工作的计算机来说，没有必要用这样的顺序。建议把启动顺序改成 "C，A，SCSI"。

项目一　计算机组装

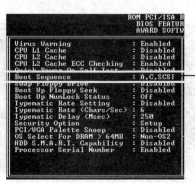

图 3-20 CMOS 上默认的启动顺序

　　首先进入 CMOS 的主界面,选择 BIOS FEATURES SETUP( BIOS 特性设置 )选项,按【 Enter 】键后就出现该选项的设置界面,用向下的方向键把光标移动到 Boot Sequence 这一项,把值改为 "C, A, SCSI",如图 3-21 所示。

图 3-21　修改启动顺序

　　这样计算机启动时就不用检测 A 盘上有没有启动程序,而是直接从 C 盘 ( 就是硬盘 )启动,比原来启动速度要快。

　　2 ）打开快速上电自检选项

　　每次计算机启动后要进行上电自检 POST ( Power On Self Test ),CMOS 默认值是关闭了快速上电自检,如图 3-22 所示。

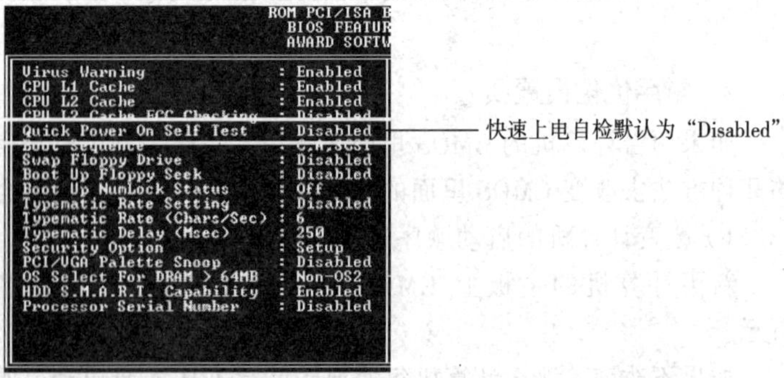

图 3-22　默认关闭快速上电自检

　　开机后,关闭快速上电自检要比打开快速上电自检花更多的时间。比较明显的就是对内存的检测,没有打开快速上电自检的要检测三遍内存,当内存很大时,要花较多的时间来检测。对于正常的计算机来说，没有必要每次都进行内存检测，所以建议打开快速上电自检选项。

首先进入 CMOS 主界面，选择 BIOS FEATURES SETUP 后，再选择 Quick Power On Self Test 选项，把值改为 Enabled，如图 3-23 所示。

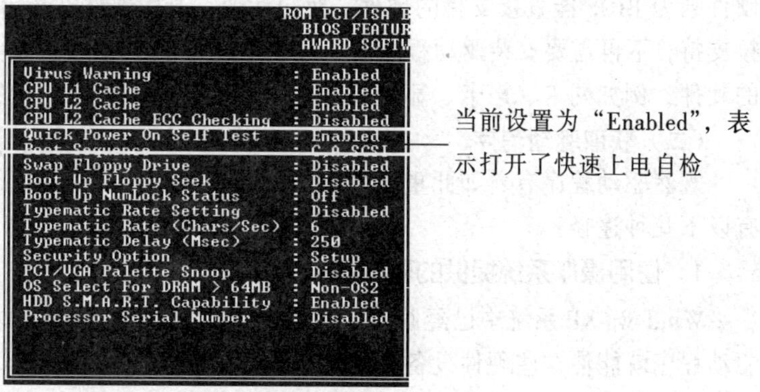

图 3-23　打开快速上电自检

## 四、操作系统的安装方式

在安装操作系统时，常用的有全新安装、升级安装、自动安装、克隆安装等安装方式，各种安装方式各有特点。

### 1. 全新安装

全新安装指的是在硬盘中没有任何的操作系统的情况下安装操作系统，或者将操作系统所在的分区（如 C 盘）格式化后进行安装。这样可以解决一切 Windows 本身和应用软件的问题（但不包括潜在的硬件冲突问题），以前存在的各种系统错误将不复存在，用户将获得一个全新的系统环境。这种方式的优点是安全性高。

### 2. 升级安装

升级安装指的是对原有操作系统进行升级，用较高版本的操作系统覆盖计算机中较低版本的操作系统。如将 Windows 2000 升级到 Windows XP。

### 3. 自动安装

自动安装是指使用安装光盘中的安装脚本制作软件，生成一个应答程序，在安装时自动填写每条信息，并允许安装时无人值守，以便进行快速安装。

### 4. 克隆安装

克隆安装是指借助第三方软件（如 Norton Ghost）将已经安装好的系统备份，只用几分钟就可以恢复系统。但是采用克隆安装的系统兼容性较差，在后期使用过程中可能会出现兼容性错误。

## 五、驱动程序安装

### （一）驱动程序的作用

驱动程序是直接工作在各种硬件设备上的软件，其"驱动"这个名称也十分形象地指明了它的功能。正是通过驱动程序，各种硬件设备才能正常运行，达到既定的工作效果。

从理论上讲，所有的硬件设备都需要安装相应的驱动程序才能正常工作。但像 CPU、内存、主板、软驱、键盘、显示器等设备却并不需要安装驱动程序也可以正常工作，而显卡、声卡、网卡等却一定要安装驱动程序，否则便无法正常工作。这是为什么呢？

这主要是由于这些硬件对于一台个人计算机来说是必需的，所以早期的设计人员将这些硬件列为 BIOS 能直接支持的硬件。换句话说，上述硬件安装后就可以被 BIOS 和操作系统直接支持，不再需要安装驱动程序。从这个角度来说，BIOS 也是一种驱动程序。但是对于其他的硬件，例如网卡、声卡、显卡等却必须要安装驱动程序，不然这些硬件就无法正常工作。

（二）获取驱动程序

既然驱动程序有着如此重要的作用，那该如何取得相关硬件设备的驱动程序呢？这主要有以下几种途径：

### 1. 使用操作系统提供的驱动程序

Windows XP 系统中已经附带了大量的通用驱动程序，这样在安装系统后，无须单独安装驱动程序就能使这些硬件设备正常运行。

不过 XP 系统附带的驱动程序总是有限的，所以在很多时候系统附带的驱动程序并不合用，这时就需要手动来安装驱动程序。

### 2. 使用附带的驱动程序盘中提供的驱动程序

一般来说，各种硬件设备的生产厂商都会针对自己硬件设备的特点开发专门的驱动程序，并采用软盘或光盘的形式在销售硬件设备的同时一并免费提供给用户。这些由设备厂商直接开发的驱动程序都有较强的针对性，它们的性能无疑比 Windows 附带的驱动程序要高一些。

### 3. 通过网络下载

除了购买硬件时附带的驱动程序盘之外，许多硬件厂商还会将相关驱动程序放到网上供用户下载。由于这些驱动程序大多是硬件厂商最新推出的升级版本，它们的性能及稳定性无疑比用户驱动程序盘中的驱动程序更好，有上网条件的用户应经常下载这些最新的硬件驱动程序，以便对系统进行升级。

（三）驱动程序的安装顺序

一般来说，在 XP 系统安装完成之后紧接着要安装的就是驱动程序。而各种驱动程序安装普遍采用以下的顺序：

### 1. 主板

这里所谓的主板在很多时候指的就是芯片组的驱动程序。

### 2. 各种板卡

在安装完主板驱动之后，接着要安装的就是各种插在主板上的板卡的驱动程序。例如：显卡，声卡，网卡等。

### 3. 各种外设

在进行完上面的两步工作之后，接下来要安装的就是各种外设的驱动程序，例如打印机、鼠标、键盘等。

（四）安装驱动程序

安装驱动程序之前，先要确定板卡的型号。下面举例说明安装方法。

（1）下载驱动程序或从光盘安装驱动程序。可以从驱动之家（www.mydrivers.com）下载该显卡的驱动程序。

（2）双击光盘或解压缩后的驱动程序压缩包中的 Setup.exe 文件，则会出现如图 3-24 所示的安装界面。

（3）单击 Next 按钮，则会弹出许可协议对话框，如图 3-25 所示。

（4）单击 Yes 按钮，弹出如图 3-26 所示的选择组件对话框。选择 Express:Recommended（典型安装），之后单击 Next 按钮，就开始安装驱动程序。重启计算机，驱动程序就安装完成。

图 3-24　开始安装显卡驱动

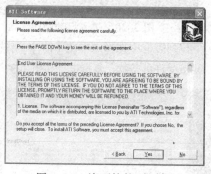

图 3-25　许可协议对话框

图 3-26　选择典型安装

## 任务实施

### 一、任务场景

李明想学会装操作系统，他想给自己家的计算机安装 Windows 7，给公司的计算机安装 Windows XP。

### 二、实施过程

#### 1. 安装 Windows 7

将安装光盘放入光驱，重新启动计算机，按【Delete】键进入 BIOS 程序，如图 3-27 所示。将第一启动项设置为光盘启动，完成后按【F10】键，选择 Y，退出 BIOS 重启计算机，如图 3-28 所示。

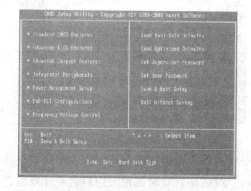

图 3-27　进入 BIOS 程序

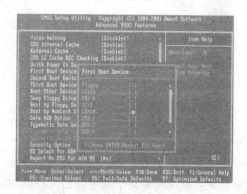

图 3-28　设置第一启动顺序为光盘

稍等片刻就会出现提示信息，此时需按任意键从光盘启动，如图 3-29 所示。接下来安装程序开始加载所需文件，加载完毕后将出现启动界面，如图 3-30 所示。

图 3-29　按任意键从光盘启动　　　　　　　　图 3-30　进入启动画面

在弹出 Windows 7 安装界面的"要安装的语言"下拉列表框中选择"中文（简体）"选项，如图 3-31 所示，进入"请阅读许可条款"界面，选中"我接受许可条款"复选框，如图 3-32 所示。

图 3-31　选择语言　　　　　　　　　　　　图 3-32　接受许可

进入"您想进行何种类型的安装？"界面，单击"自定义"按钮，如图 3-33 所示。进入"您想将 Windows 安装在何处？"界面，单击"驱动器选项"，如图 3-34 所示，可以在打开的高级选项对话框中根据提示进行相应的设置。

图 3-33　选择自定义安装类型　　　　　　　图 3-34　驱动器选择

接下来开始安装系统，如图 3-35 所示。在安装过程中无须进行任何操作，期间系统会重新启动。系统安装完毕后会弹出"设置 Windows"对话框，此时需输入用户名及计算机名称，单击"下一步"按钮，如图 3-36 所示。

图 3-35 系统安装界面

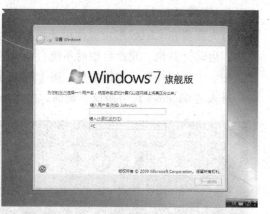

图 3-36 用户名和计算机名设置

进入"为账户设置密码"界面后，可以设置密码及密码提示，如图 3-37 所示。在"帮助您自动保护计算机以及提高 Windows 的性能"界面，选择"使用推荐设置"选项，如图 3-38 所示。

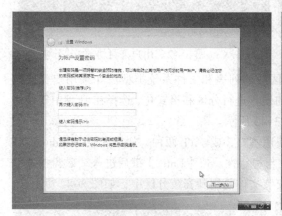

图 3-37 设置账户密码

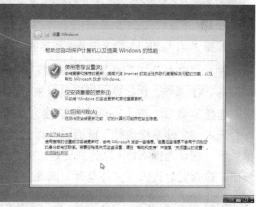

图 3-38 Windows 性能设置

进入"查看时间和日期设置"界面，设置合适的时间和日期，单击"下一步"按钮，如图 3-39 所示。接下来系统会开始完成设置，并启进入桌面环境，如图 3-40 所示，安装完成。

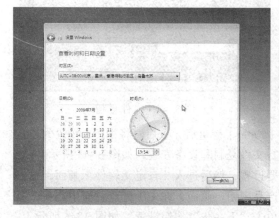

图 3-39 时间和日期设置

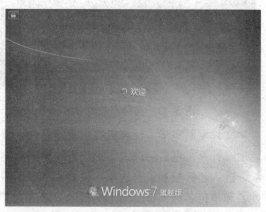

图 3-40 Windows 7 欢迎界面

### 2. 安装 Windows XP

首先需要在 CMOS 中设置使用光盘启动计算机。然后将 Windows XP 的安装光盘放入光驱中，启动计算机。光盘启动后系统自动检测硬件并将安装工作中所需要的文件复制在本机硬盘中。出现安装程序选择菜单，按【Enter】键继续，如图 3-41 所示。

进入"Windows 许可协议"画面，按【F8】键选择"我同意"，如图 3-42 所示。

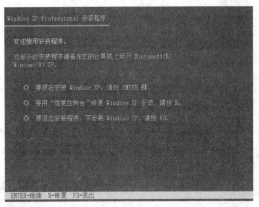

图 3-41　Windows XP 安装选择菜单　　　　图 3-42　用户许可协议

进入"磁盘分区"画面。会出现已经分区后的列表和文件系统类型。如果用户仅安装 Windows XP 系统，在此界面里可以对未分区的硬盘进行分区和格式化，选择在 D 盘中安装系统。选择 D 盘后，按【Enter】键继续，如图 3-43 所示。

进入"文件系统选择"画面，可以选择使用 NTFS 或 FAT 两种，如果安装 Windows XP 单系统，建议选择 NTFS 以达到更好的安全性与稳定性。按【Enter】键后进入"磁盘检查"画面。检查完后进入"文件复制"画面，将安装文件复制到安装分区中，如图 3-44 所示。

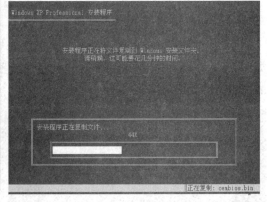

图 3-43　选择安装的分区　　　　　　　　图 3-44　文件复制

文件复制完毕，计算机提示重新启动，按【Enter】键重启，重启时将 BIOS 设置为硬盘启动。计算机重启后进入图形化安装界面，进行文件复制和设备安装，如图 3-45 所示。

进入"区域和语言选项"设置，一般不需要设置，然后进入"自定义软件"画面，输入姓名和单位名称，单击"下一步"按钮进入"产品密钥"画面，在 CD 光盘背面中查找产品密钥，必须准确输入安装才可以继续，完成后单击"下一步"按钮继续，如图 3-46 所示。

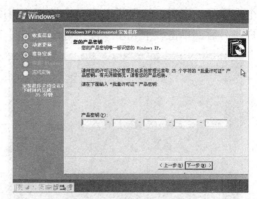

图 3-45　设备安装　　　　　　　　　　　图 3-46　输入产品密钥

进入"计算机名和管理员密码"画面，输入计算机名和管理员密码。其中系统管理员（Administrator）是计算机使用的最高权力者，密码必须牢记。重复输入密码后单击"下一步"按钮继续，如图 3-47 所示。

进入"日期与时间"设置，其中显示的日期与时间取自 BIOS 设置，时区为"北京"，单击"下一步"按钮继续。如果计算机连接在局域网上，需要请网络管理员告知参数如何配置，个人使用而未连接到网络上，此处可选择"典型设置"单选按钮，单击"下一步"按钮继续，如图 3-48 所示。

图 3-47　计算机名和系统管理员密码　　　　图 3-48　网络设置

之后系统开始复制文件，需要较长的时间，完成后计算机会重新启动。出现如图 3-49 所示的提示框，自动调整屏幕分辨率。

图 3-49　显示设置

屏幕分辨率设置后，进行注册与激活步骤，如果可以连接到 Internet，在此处设置，否则单击"跳过"按钮继续。在"可以激活 Windows 了么？"界面，提示是否激活操作系统。Windows XP 为了防止盗版，采用 Internet 激活方式以确认是否为正版软件，如果已经连接到 Internet，选择激活，之后提示操作，也可以选择"否"，在以后激活，未激活的使用时间是 30 天。之后单击"下一步"按钮继续，如图 3-50 所示。

出现"谁会使用这台计算机"界面。Windows XP 是一个多用户操作系统，每个用户需要个人账号、密码，这里可以建立本机的使用用户，也可以在以后重新设置。输入欲建立的用户账号后，单击"下一步"按钮继续，如图 3-51 所示。

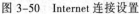

图 3-50　Internet 连接设置　　　　　　　　　图 3-51　用户设置

　　Windows XP 设置与安装完成，如果建立了多个用户，则出现用户登录窗体。登录后启动 Window XP 桌面，如图 3-52 所示。

图 3-52　Windows XP 操作界面

## 任务小结

　　通过完成本次任务，读者应掌握如何给计算机安装操作系统，包括 Windows 7 和 Windows XP 的安装方法。

# 项目拓展实训

## 一、实训名称

安装双操作系统。

## 二、实训目的

（1）掌握操作系统的安装步骤。

（2）掌握双操作系统的安装方法。

（3）掌握驱动程序的安装方法。

### 三、实训内容

在计算机中安装 Windows 7 和 Windows XP 双操作系统。

### 四、实训要求

（1）在 C 盘安装 Windows 7 操作系统。
（2）在 D 盘安装 Windows XP 操作系统。
（3）安装完毕后，启动时可以任意选择一个操作系统进行启动。

# 任务四　简单局域网络系统的组建

## 任务提出

李明已经在电信公司开通了一个 ADSL 宽带账号，现在要在办公室组建一个简单的局域网，要求办公室的三台台式计算机通过双绞线连接到 Internet，经理的笔记本电脑通过无线路由器连接到 Internet。

## 任务分析

在组建办公室局域网之前，需要掌握以下知识点：
（1）各种接入 Internet 技术。
（2）常用网络设备。
（3）对等网的组建。
（4）ADSL 宽带接入方法。
（5）无线路由器的设置方法。

## 相关知识

## 一、各种接入 Internet 技术

要使用 Internet 上的资源，首先要将自己的计算机连接到 Internet 上。在进入 Internet 之前，个人和企业用户都必须通过 ISP（Internet Service Provider，Internet 服务提供商）连接到 Internet 上。

在选择了 ISP 后，联网用户还要完成下面的工作：
（1）安装硬件（如 Modem、网卡等）。
（2）安装软件，配置系统。
（3）连接进入 Internet。
Internet 的接入方式典型的有以下几种：

### （一）拨号上网

拨号上网这种方式适合业务量不太大但又希望以主机方式接入 Internet 的用户使用，是早期个人用户经常采用的一种接入方式。拨号上网使用电话线为传输介质，由于电话线只能

传输模拟信号，所以应配备 Modem 实现数字信号和模拟信号的相互转换。

拨号上网的最大缺点是传输速率太低，最高只能达到 56 Kbit/s，而且在上网时无法使用电话，因此现在已经基本被淘汰。

### （二）ADSL 宽带接入

ADSL（Asymmetric Digital Subscriber Line，非对称数字用户线）是现在主流接入 Internet 的方式，既适用于个人单机用户，也适用于单位的局域网接入。ADSL 仍然可以使用电话线，由于采用了特别的技术，ADSL 可以在电话线上做到最高上行 2 Mbit/s、下行 8 Mbit/s 的传输速率，而且使用 ADSL 上网不会影响电话的使用。

使用 ADSL 需要配备 ADSL Modem 或 ADSL 宽带路由器，用户的计算机上需要安装网卡，使用双绞线连接到 ADSL Modem 或 ADSL 宽带路由器上。

### （三）Cable Modem

Cable Modem（线缆调制解调器）使用 CATV（有线电视）的同轴电缆上网，是目前在部分城市开始普及的个人用户单机接入方式。Cable Modem 的传输速率最高可达 108 Mbit/s，而且不影响收看电视。

### （四）局域网接入

局域网接入是目前除了家庭用户外最主要的 Internet 接入方式，可以使用专线接入和代理服务器接入两种技术。

#### 1. 专线接入方式

所谓专线接入是指通过相对固定不间断的连接（例如 DDN、ADSL、帧中继）接入到 Internet，以保证局域网上的每一个用户都能正常使用 Internet 上的资源。这种接入方式是通过路由器使局域网接入 Internet。路由器的一端接在局域网上，另一端则与 Internet 上的连接设备相连。

#### 2. 使用代理服务器接入方式

使用代理服务器（Proxy Server）技术可以不使用路由器，代理服务器有两个网络连接端，一端通过电话线或光纤与 Internet 连接，一端和局域网连接。局域网上的每台主机通过服务器代理，共享服务器的 IP 地址访问 Internet。

常用的代理服务器软件有 Sygate、Wingate、MS Proxy Server 等。

## 二、常用网络设备

### （一）网卡

网卡也叫网络适配器（NIC）或网络接口卡，作为一种 I/O 接口卡插在主板的扩展槽上。网卡是网络通信的主要瓶颈之一，它的质量好坏将直接影响网络的稳定性和速度。目前，市场上的网卡种类非常繁多，通常按总线类型，网卡可分为 ISA 网卡、PCI 网卡、PCMCIA 网卡和 USB 网卡。

#### 1. ISA 网卡

较早计算机大多采用的是 ISA 总线型网卡，一般带 BNC 接头或 RJ-45 接口，有些还带 AUI 接口（用于直接连接粗缆收发器上的 AUI 接口）。常见的有 NE 2000 兼容网卡，如图 4-1 所示。

ISA 网卡又可分为 8 位和 16 位的两种，8 位 ISA 网卡目前已被淘汰，市场上常见的是 16

位 ISA 接口的 10 Mbit/s 网卡，它的唯一好处就是价格低廉。

## 2. PCI 网卡

随着网络流量的增大，出现了现在的 PCI 网卡，如图 4-2 所示。PCI 网卡的理论带宽为 32 位 133 Mbit/s，所以 PCI 网卡的速度比 ISA 网卡的速度快很多。

PCI 网卡一般只有一个或两个 RJ-45 接口，以前 ISA 网卡上的 BNC 和 AUI 接口由于较少使用，所以基本上没有了。

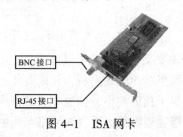

BNC 接口

RJ-45 接口

图 4-1　ISA 网卡

图 4-2　PCI 网卡

## 3. 无线网卡

无线网卡的作用、功能跟普通计算机网卡一样，只是不通过有线连接，而采用无线信号进行连接的网卡。它只是一个信号收发的设备，只有在找到上互联网的出口时才能实现与互联网的连接，所有无线网卡只能局限在已布有无线局域网的范围内。无线网卡按照接口的不同主要有 PCMCIA 无线网卡（见图 4-3）、PCI 无线网卡、MiniPCI 无线网卡、USB 无线网卡（见图 4-4）、CF/SD 无线网卡几类产品。

图 4-3　PCMCIA 无线网卡

图 4-4　USB 无线网卡

## （二）网络传输介质

传输介质是传送信号的载体，在计算机网络中通常使用的传输介质有双绞线、同轴电缆、光纤、微波及卫星通信等。它们可以支持不同的网络类型，具有不同的传输速率和传输距离。

## 1. 双绞线

双绞线是扭合在一起的两根铜线，如图 4-5 所示。在导线外面和保护胶套之间缠绕有屏蔽层的双绞线叫屏蔽双绞线，没有屏蔽层的叫非屏蔽双绞线。非屏蔽双绞线是目前应用最广泛的传输介质之一。

计算机网络中使用的双绞线通常是 8 芯的（4 对双绞线），用不同的颜色把它们两两区分开来。网络中的双绞线又分为三类线、五类线、超五类线等规格，分别适用于 10 Mbit/s、100 Mbit/s 以太网。与双绞线连接的物理接口被称为 RJ-45 口。双绞线是目前局域网中使用最为广泛的传输介质。

图 4-5　双绞线

## 2. 同轴电缆

同轴电缆是由一根空心的外圆柱导体和一根位于中心轴线的内导线组成，内导线和圆柱导体及外界之间用绝缘材料隔开。根据传输频带的不同，同轴电缆可分为基带同轴电缆和宽带同轴电缆。按直径的不同，同轴电缆可分为粗缆和细缆两种。有线电视采用的就是宽带同轴电缆，而基带同轴电缆曾经被广泛地应用于局域网中，但现在基本被淘汰了。

### 3. 光纤

光纤（见图 4-6）是一种新型的传输介质，通信容量比普通电缆要大 100 倍左右，传输速率高，抗干扰能力强，通信距离远，保密性好。目前光纤被广泛用于建筑高速计算机网络的主干网和广域网的主干道。

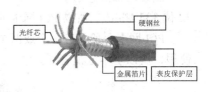

图 4-6　光纤

### 4. 微波

微波是一种无线电通信，其频率为 1~10 GHz，不需要架设明线或铺设电缆，借助于频率很高的无线电波，可同时传送大量信息。微波的传输距离在 50 km 左右，长距离传送时，需要在中途设立一些中继站。它的优点是容量大，受外界干扰影响小，传输质量高，建筑费用低；缺点是保密性差，通信双方之间不能以后建筑物等物理阻挡。适宜在网络布线困难的城市中使用。

### 5. 卫星通信

卫星通信是利用人造地球卫星作为中继站转发微波信号使各地之间互相通信。卫星通信的优点是可靠性高，容量大，距离远；缺点是通信延迟时间长，易受气候影响。目前卫星通信主要用于电视和电话通信系统。

### （三）集线器

在计算机网络中除了网卡使用广泛外，另一个用得最广泛的网络连接设备就是集线器（Hub），如图 4-7 所示。集线器是把许多网络设备或计算机连接在一起的网络设备，它可以把从一个端口收到的信号发向另一个端口。

一般通过集线器连接的网络都是星型拓扑结构。用集线器

图 4-7　集线器

组成的星型拓扑结构网络的优点是当网络系统中某条线路或某个结点出现故障时，不会影响到其他结点。

集线器分为无源（Passive）集线器、有源（Active）集线器和智能（Intelligent）集线器。

无源集线器只负责把多段介质连接在一起，不对信号作任何处理，每一种介质段只允许扩展到最大有效距离的一半。

有源集线器与无源集线器不同的是，它具有对信号进行再生和放大的功能，扩展了信号的传输长度。

智能集线器除具有有源集线器的功能外，还可将网络的部分功能集成到集线器中，如网络管理、选择网络传输线路等。集线器都是半双工的，而且带宽是共享的。例如，一个 100 Mbit/s 的集线器，所有连在这个集线器上的网络设备共享这 100 Mbit/s 带宽。

### （四）交换机

大多数交换机（Switch）工作在 OSI 模型中第二层（数据链路层），它的作用是对封装数据包进行转发，并减少冲突域，隔离广播风暴。它可以用于将一个网络从逻辑上分为若干更小的网络段，每个网络段彼此独立，如图 4-8 所示。

交换机可以实现全双工，所有的端口都拥有固定带宽，从

图 4-8　交换机

而大大地提高了网络的传输速度，而集线器是所有端口分享一个固定的带宽。随着交换机的降价，越来越多的交换机代替了网络上的集线器。

**（五）路由器**

路由器是一种典型的网络层设备，工作在 OSI 模型的物理层、数据链路层和网络层。路由器在多个互连设备之间传送中继包，对来自某个网络的中继包确定路线，发送到互连网络中任何可能的目的网络中。另外，路由器一般还可以执行复杂的路由选择算法，能够算出两个结点之间数据传输最快最近的路径，在网络中的功能相当于"交通警察"，指挥着网络上数据包的流向，如图 4-9 所示。

随着 ADSL 和小区宽带的盛行，使家庭中多台计算机上网成为可能，同时也出现了一个新兴的家用网络产品——宽带路由器。宽带路由器自身具备 PPPoE 自动拨号、DHCP、路由、安全和加密防范功能，有的甚至具有交换机的功能。通过宽带路由器可以实现多台计算机使用同一个账号来访问网络，如图 4-10 所示。

图 4-9　Cisco 7200 VXR 路由器

图 4-10　Dlink-504 宽带路由器

宽带路由器一般提供了中文的 Web 化配置界面，这样可以轻松在本地或远程配置宽带路由器。大部分宽带路由器具有一些网络安全特性，如支持 IP 地址过滤、防止网络攻击，可以有效保护内部局域网免于来自 Internet 的恶意攻击。

无线路由器是带有无线覆盖功能的路由器，如图 4-11 所示。它主要应用于用户上网和无线覆盖。无线路由器可以看作一个转发器，将家中墙上接出的宽带网络信号通过天线转发给附近的无线网络设备（笔记本电脑、支持 WiFi 的手机等）。市场上流行的无线路由器一般都支持专线 XDSL/ CABLE，动态 XDSL，PPTP 四种接入方式，它还具有其他一些网络管理的功能，如 DHCP 服务、NAT 防火墙、mac 地址过滤等等功能。

图 4-11　无线路由器

**（六）调制解调器**

虽然宽带网正在走入家庭，可是现在仍有人在使用 Modem。Modem 也就是调制解调器，它能把计算机的数字信号翻译成可沿普通电话线传送的脉冲信号，而这些脉冲信号又可被线路另一端的另一个调制解调器接收，并译成计算机可懂的语言。这一简单过程完成了两台计算机间的通信。

根据 Modem 的接口类型（是指 Modem 与计算机连接的接口类型），一般可分为外置 Modem 的 RS-232 串口（COM 接口）和 USB 接口，内置 Modem 的 PCI 和 ISA（ISA 接口的 Modem 早已经被淘汰掉了，现在只有在某些二手市场还能见到），以及笔记本电脑专用的 PCMCIA 等。

1.　内置 Modem

内置 Modem 与普通的计算机插卡一样，需要插在主板上，现在一般的内置 Modem 都采用 PCI 接口。内置 Modem 有两个接口，一个标明 Line 的字样，用来接电话线；另一个标明 Phone 的字样，用来接电话机。内置 Modem 的外观，如图 4-12 所示。

### 2. 外置 Modem

外置 Modem 采用 25 针的 RS-232 接口，用来和计算机的 RS-232 口（串口）相连。不同的 Modem 外形不同，但这些接口都是类似的。除此之外，它带有一个变压器，为其提供直流电源。

在外置调制解调器上，经常看到一些指示灯，它们可指示 Modem 的工作状态，具体含义分别如下：

MR：调制解调器就绪或进行测试；TR：终端就绪；SD：发送数据；RD：接收数据；OH：摘机；CD：载波检测；AA：自动应答；HS：高速。

外置 Modem 的外形和内置式的差别很大，但功能是一样的，图 4-13 就是一款 56 Kbit/s 的外置 Modem。

图 4-12　内置 Modem

图 4-13　外置 Modem

### 3. USB 接口的 Modem

USB 技术的出现，给计算机的外围设备提供了更快的速度、更简单的连接方法。

这个只有传呼机大小的 Modem 的确给传统的串口 Modem 带来了挑战。只需将其接在主机的 USB 接口即可，通常主机上有 2 个 USB 接口，而 USB 接口可连接 127 个设备，如果要连接多设备还可购买 USB 的集线器。通常 USB 的显示器、打印机都可以当作 USB 的集线器，因为它们除了有连接主机的 USB 接口外，还提供 1~2 个 USB 接口。

### 4. ADSL Modem

ADSL Modem 现在的接口方式有以太网、USB 和 PCI 三种。USB、PCI 适用于家庭用户，性价比好，小巧、方便、实用；外置以太网口的产品适用于企业和办公室的局域网（如果家里有多台计算机，同样可以选择以太网的接口），它可以带多台机器进行上网。有的以太网接口的 ADSL Modem 同时具有桥接和路由功能，这样就可以省掉一个路由器，外置以太网口、带路由功能的产品支持 DHCP、NAT、RIP 等路由功能，还有自己的 IP Pool 可以给局域网内的用户自动分配 IP，方便了网络的搭建。

在选择 ADSL Modem 时，要看是否附带了分离器。由于 ADSL 走的信道与普通 Modem 不同，利用电话介质但不占用电话线，因此需要一个分离器。有的厂家为了追求低价，就将分离器单独拿出来卖，这样 ADSL Modem 就会相对便宜，用户购买时请一定注意。

另外，还要看支持何种协议。ADSL Modem 上网拨号方式有 3 种：专线方式（静态 IP）、PPPoA 和 PPPoE。普通用户多采用 PPPoE 或 PPPoA 虚拟拨号的方式上网。一般的 ADSL Modem 厂家只给 PPPoA 的外置拨号软件，没有 PPPoE 的软件，给一些用户带来了许多麻烦。ADSL Modem 的外观如图 4-14 所示。

图 4-14　ADSL Modem

### （七）其他常用工具

在网络中，传输介质是最基础也是最重要的硬件之一，目前应用最广泛的网络传输介质是双绞线。要想组建局域网，将网线和网卡连接起来，还必须准备相关的工具：RJ-45 水晶头、双绞线专用压线钳、测线仪等。

### 1. RJ-45 水晶头

RJ-45 插头是一种只能沿固定方向插入并自动防止脱落的塑料接头，俗称"水晶头"（见图 4-15），专业术语为 RJ-45 连接器（RJ-45 是一种网络接口规范，就是平常所用的"电话接口"，用来连接电话线）。之所以把它称为"水晶头"，是因为它的外表晶莹透亮的原因。双绞线的两端必须都安装 RJ-45 插头，以便插在网卡（NIC）、集线器（Hub）或交换机（Switch）的 RJ-45 接口上，进行网络通信。

### 2. 压线钳

压线钳（见图 4-16）上有 3 处不同的功能：最前端是剥线口，它用来剥开双绞线外壳；中间是压制 RJ-45 水晶头工具槽，这里可将 RJ-45 水晶头与双绞线合成；离手柄最近端是锋利的切线刀，此处可以用来切断双绞线。

图 4-15　RJ-45 水晶头

图 4-16　压线钳

### 3. 测线仪

测线仪是一款高性能的网线测试仪设备（见图 4-17），它可以精确显示电缆接线图、故障点具体位置，识别多种网线故障，如：开路、短路、断路、串绕、跨接等，同时可以精确地测量网线的长度，并可以发出多种音频信号以便于寻找线缆的具体位置。如果测线仪上 8 个指示灯都依次为绿色闪过，证明网线制作成功。如果出现任何一个灯为红灯或黄灯，都证明存在断路或者接触不良现象，此时最好先对两端水晶头再用压线钳压一次，再测，如果故障依旧，再检查一下两端芯线的排列顺序是否一样。如果芯线顺序一样，但测线仪在重测后仍显示红灯或黄灯，则表明其中肯定存在对应芯线接触不好。

图 4-17　测线仪

此时应重新制作一端的水晶头再测，直到测线仪全为绿色指示灯闪过为止。

## 三、组建对等网

### （一）对等网简介

计算机网络按其工作模式分主要有对等模式和客户机/服务器（C/S）模式，在家庭网络中通常采用对等网模式，而在企业网络中则通常采用 C/S 模式。对等模式注重的是网络的共享功能，而企业网络更注重的是文件资源管理和系统资源安全等方面。对等网除了应用方面的特点外，更重要是的它的组建方式简单，投资成本低，非常容易组建，非常适合于家庭、小型企业选择使用。

"对等网"也称"工作组网"，那是因为它不像企业专业网络中那样通过域来控制，在对等网中没有"域"，只有"工作组"。在对等网络中，计算机的数量通常不会超过 20 台，所以对等网络相对比较简单。对等网上各台计算机有相同的功能，无主从之分，网上任意结点计算机既可以作为网络服务器，为其他计算机提供资源；也可以作为工作站，以分享其他服务器的资源；任一台计算机均可同时兼作服务器和工作站，也可只作其中之一。同时，对等网除了共享文件之外，还可以共享打印机，对等网上的打印机可被网络上的任一结点使用，如同使用本地打印机一样方便。

对等网的主要优点有网络成本低、网络配置和维护简单等。它的缺点也相当明显，主要有网络性能较低、数据保密性差、文件管理分散、计算机资源占用大等。

**（二）对等网的组建**

通常采用星型网络拓扑结构来组建对等网。星型网络使用双绞线连接，结构上以集线器（Hub）为中心，呈放射状态连接各台计算机。由于 Hub 上有许多指示灯，遇到故障时很容易发现出故障的计算机，而且一台计算机或线路出现问题丝毫不影响其他计算机，这样网络系统的可靠性大大增强。另外，如果要增加一台计算机，只需连接到 Hub 上即可，很方便扩充网络。

对等网连接的方法如图 4-18 所示，这种方法是将每台计算机用线缆和集线器（或交换机）相连。

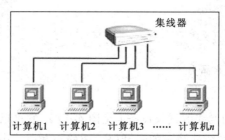

图 4-18　星型网络结构

采用这种方法连接需要使用以下的配件：一个集线器或交换机、适当长度的双绞线，以及几个 RJ-45 接头，每台计算机配一个 RJ-45 接口的网卡（如 RTL8139）。网线制作工具是网钳。其中 Hub 是一个主要的设备，Hub 有 8 口、16 口、24 口等不同规格，正面有若干 RJ-45接口以及指示信号灯，它们的闪动可以反映使用的接口是否连通。背面是 BNC 接口和一个AUI 接口，也叫做粗缆接口，以及电源接口和电源开关。由于双绞线最大有效连接距离是 150 ～180 m，所以这种网络的覆盖面积不是很大，如图 4-19 所示。

图 4-19　集线器、双绞线、RJ-45 接头

首先是要确定 Hub 安放的位置，为了使网络覆盖尽量的大，一般要把 Hub 放在中间的位置上。

第一步是制作网线，就是将 RJ-45 接头安装在双绞线上。先截出一段双绞线，使其长度可以连接一台计算机和 HUB，不要太短，用网钳夹在双绞线的一头，使其露出约 1.5 cm，然后压下钳子的柄，不要用力太大，然后转动钳子，将线的绝缘层切开，注意不要将里面的线切断，最好在有经验人员的指导下制作；然后去掉这一段绝缘层。其中有棕、蓝、橙、绿四根色线和四根白线，共 8 条线，每组两条线，由白线和色线绞在一起，所以这种线也叫作双绞线，如图 4-20 所示。

RJ-45 头的结构和电话线上的接头相似，只是稍大一些。

将双绞线的色线和白线分开，按照：棕、棕白、蓝、蓝白、橙、橙白、绿、绿白的顺序排列整齐，再用网钳上的刀片将线头剪齐，然后将线头顺着 RJ-45 头的插口轻轻插入，一直要插到底，再将 RJ-45 头塞到网钳里，用力按下手柄。这样一个接头就做好了，图 4-21 所示。

图 4-20　剥开的双绞线、网钳　　　　　　图 4-21　做好的网线头

第二步就是用双绞线连接计算机和 Hub，非常简单。这个 Hub 是 16 口的，编号从 1 到 16，旁边的 UP LINK 口是用来连接另一个 Hub 的，也就是说 Hub 可以通过这个口并联起来，如图 4-22 所示。这里将线接在第 1 号口插入，听到"喀哒"的一声，就接好了，然后将另一头接在计算机的网卡上。用同样的方法将其他的计算机也和 Hub 连接起来就可以了。最后再给 Hub 接上电源即可，就能建立一个网络。

图 4-22　连接集线器（Hub）

采用这种连接的方法需要购买一个 Hub，成本要稍高一点，不过网络容易维护，而且也不容易出现故障。

以上介绍的是双绞线的制作和星型网络拓扑结构的连接方法，在组建较大的局域网时可能要使用路由器和交换机等设备。

## 四、ADSL 宽带连接的创建

目前国内最为普及的还是通过 ADSL 宽带上网，速度可以从 56 kbit/s 到 10 Mbit/s。下面介绍在 Windows 7 下创建 ADSL 宽带连接的方法。

首先打开控制面板中的网络和共享中心，单击"设置新的网络或连接"，如图 4-23 所示。选择"连接到 Internet"，单击"下一步"按钮，如图 4-24 所示。

图 4-23 设置新的网络或链接　　　　　　　　　　图 4-24 连接到 Internet

选择"宽带（PPPoE）"，输入用户名和密码，选中"记住此密码"和"允许其他人使用此连接"复选框，单击"连接"按钮，如图 4-25 所示。

连接成功后会显示连接已经可用，如图 4-26 所示。

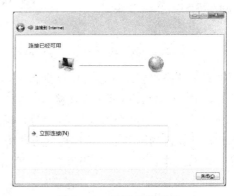

图 4-25 用户名和密码设置　　　　　　　　　　图 4-26 显示连接成功

下一次连接到 Internet，要单击任务栏中的网络图标，然后单击刚创建的连接，如图 4-27 所示。然后输入用户名和密码，选中"为下面用户保存用户名和密码"后，单击"连接"按钮，如图 4-28 所示。

图 4-27 选择宽带连接　　　　　　　　　　图 4-28 输入用户名和密码

等待几秒钟即可上网，如图 4-29 所示。

图 4-29　等待连通 ADSL 宽带

## 五、无线路由器的设置方法

### 1. 硬件连接

按照 Modem→无线路由器→计算机顺序用网线连接。

### 2. 进入无线路由器设置界面

打开浏览器，在地址栏输入 192.168.1.1，（有个别品牌的路由器的默认 IP 地址是 192.168.0.1），进入路由器的登录界面。输入用户名和密码（一般都是 admin），进入路由器的设置界面。

### 3. 无线路由器的设置

单击菜单里的设置向导，按照提示在上网账号和上网口令里填上宽带账号和密码，选择启用 DHCP 服务器，在开启无线功能和允许 SSID 广播。开启安全设置在密码栏里输入密码，其他设置默认即可。最后再按照系统提示重启无线路由器。

### 任务实施

## 一、任务场景

李明要求办公室的三台台式计算机通过双绞线连接到因特网，经理的笔记本电脑通过无线路由器连接到因特网，他请技术员帮忙组建网络。

## 二、任务实施

### 1. 制作网线

1）标准 100 Mbit/s 双绞线连接头的制作

先用压线钳把双绞线的一头剥开约 2 cm，可以看到有 4 对线，它们两两缠绕在一起，其中有一根是白色（也可能是白色与其他颜色的混合），另一根则是各不相同的颜色（有橙、蓝、绿、棕四种）。根据网线定义，在 10/100 Mbit/s 网络里，1 到 8 号线中只用 1、2、3、6 号线，其余都是未定义的（在 1000 Mbit/s 网中使用），所以在做 10/100 Mbit/s 网线时，通常只需考虑 1、2、3、6 号线的接法，剩余的线可随意排列（不接也可以）。

在这四对线中，每一对都是缠绕在一起的，而且缠绕的松紧密度不同，这样就是为了预防高速传输时造成彼此的干扰。可根据网线引脚的功能定义和接线排法，察看各信号线当前的传输状况，如表 4-1 所示。

表 4-1　网线引脚的功能定义

| 引　　脚 | 网卡 RJ-45 插座信号 | RJ-45 插头和 Hub RJ-45 插座信号 |
| --- | --- | --- |
| 1 | TX+（发送） | RX+（接收） |

续表

| 引　脚 | 网卡 RJ-45 插座信号 | RJ-45 插头和 Hub RJ-45 插座信号 |
|---|---|---|
| 2 | TX-（发送） | RX-（接收） |
| 3 | RX+（接收） | TX+（发送） |
| 4 | 未定义 | 未定义 |
| 5 | 未定义 | 未定义 |
| 6 | RX-（接收） | TX-（发送） |
| 7 | 未定义 | 未定义 |
| 8 | 未定义 | 未定义 |

1、2 号线（绿白、绿）刚好是互相缠绕在一起的一对，所以不会产生干扰问题，但是 3、6 号线（橙白和蓝）却不是属于同一对的"双绞线"，因此在高速传输数据时网线间就很容易产生干扰，如图 4-30 所示。

因此，只要把 4 号线与 6 号线对换一下位置，这样有定义的 3、6 号线就是缠绕在一起的一对"双绞线"了，从而可以消除网络高速传输时产生的干扰问题，如图 4-31 所示。

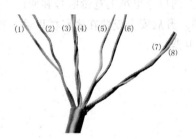 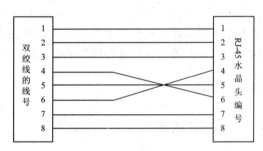

图 4-30　对换 4 号线与 6 号线的位置　图 4-31　标准 100 Mbit/s 双绞线与水晶头连接的对应关系

把 4 号线和 6 号线的位置对换后，用压线钳把它剪齐，然后小心地插入水晶头里（拿水晶头时，有弹性卡口的一边应向下），再用压线钳压紧即可。

按同样的方法把另一头也做好，用网线测试仪测试一下。如果指示灯是按顺序依次亮的话就表示接通，网线的制作也就完成了。

上面的做法是按 EIA/TIA 568A 标准（双绞线两端定义的线序为：①绿白、②绿、③橙白、④蓝、⑤蓝白、⑥橙、⑦棕白、⑧棕）制作的 100 Mbit/s 标准网线，可以用于 PC 到 Hub 普通口和 Hub 普通口到 Hub 级联口之间的连接。

2）交叉级联双绞线的做法

做好了前面的网线后，那么 PC 到 PC 和 Hub 普通口到 Hub 普通口之间的连接网线又该如何制作呢？

在双绞线的两端，其中一头的做法不变（即只要把 4、6 号线交叉），而另一头的网线除了 4、6 号线交叉外，还必须把 1 号和 3 号线，以及 2 号和 6 号线分别交叉，这是 EIA/TIA 568B 标准（双绞线两端定义的顺序为：①橙白、②橙、③绿白、④蓝、⑤蓝白、⑥绿、⑦棕白、⑧棕）的做法。交叉后各线号间的对应关系如图 4-32 所示。

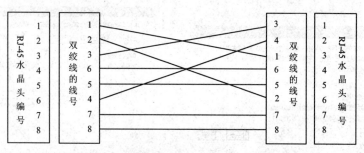

图 4-32　交叉级联双绞线各线号间的对应关系

　　按这种方式制作的网线将使其中一块网卡的 1 号端口发送的信号通过 1 号网线（白橙）到另一块网卡的 3 号接收端口，这样就可以直接进行通信了。交叉级联线可用于双机利用双绞线直接互连（即计算机到计算机间的直接连接），以及 Hub 普通口到 Hub 普通口之间的连接。

### 2. 无线网的组建

　　首先按照 Modem→无线路由器→计算机的顺序用网线连接，如图 4-33 所示。此时检查无线路由器状态灯，正确连接的话应该路由器的面板上有四个灯闪烁，分别为：系统灯/WLAN 灯/LAN 灯/WAN 灯（电源/无线/计算机与路由/Modem 与计算机），如果正常闪烁，便可以正常进入路由设置。在计算机上打开浏览器，在地址栏输入 192.168.1.1，（有个别品牌的路由器的默认 IP 地址是 192.168.0.1），进入路由器的登录界面。输入用户名和密码（一般都是 admin），进入路由器的设置界面，如图 4-34 所示。

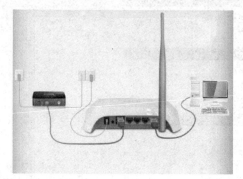

图 4-33　硬件连接图　　　　　　　　　图 4-34　输入用户名和密码

　　进入设置向导界面，单击"下一步"按钮，如图 4-35 所示。进行上网账号、上网口令设置，单击"下一步"按钮，如图 4-36 所示。

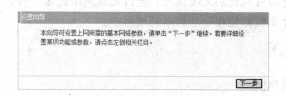

图 4-35　进入设置向导界面　　　　　　图 4-36　输入 ADSL 账号和密码

　　选择按系统推荐的上网方式，然后单击"下一步"按钮，如图 4-37 所示。为安全起见，在 WPA-PSK/WPA2-PSK 中设置常用的密码，SSID 号就是无线路由器的名称，如图 4-38 所示。

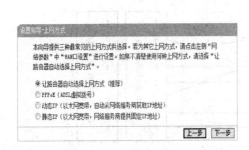

图 4-37  选择上网方式                图 4-38  设置密码

保存并重启路由器，到这里路由器就成功设置完成了，单击"重启"按钮，耐心等待路由器完成重启，如图 4-39 所示。

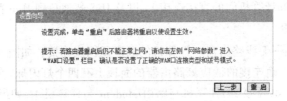

图 4-39  重启无线路由器

重启成功后，出现无线路由器的运行界面，如图 4-40 所示。

图 4-40  无线路由器运行界面

至此，无线路由器设置完毕，笔记本电脑可以识别无线信号，进行无线网络连接。台式计算机通过网线连接到无线路由器，几台计算机都处在一个简单局域网中。

## 任务小结

通过完成本次任务，读者应掌握组建简单网络。

（1）掌握网线的制作方法。

（2）掌握无线路由器的设置方法。

# 项目拓展实训

## 一、实训名称

简单无线网络的组建。

## 二、实训目的

（1）掌握网线的制作方法
（2）掌握无线路由器的配置方法

## 三、实训内容

利用双绞线制作标准网线，连接好无线路由器后进行系统设置，创建一个简单无线网络，使笔记本电脑能够通过无线网络上网，台式计算机通过网线连接无线路由器上网。

## 四、实训要求

（1）学会制作网线。
（2）学会配置无线网络。

项目二

➡ 计算机维护

李明在为公司购买了计算机以后，担任了公司的计算机维护的工作，主要帮助职员解决计算机不能正常使用、系统优化及系统管理等问题，那么他在日常的工作中，会遇到一些什么样的麻烦呢？

本项目将从李明遇到的各种问题出发，介绍计算机的维护工作。

### 学习目标

（1）掌握系统性能检测与优化工具。
（2）了解计算机病毒及其特点。
（3）掌握杀毒软件及防火墙的安装与使用。
（4）掌握 Windows PE 工具。
（5）掌握系统备份与还原。
（6）掌握数据恢复技术。

## 任务五　系统性能检测与优化

### 任务提出

公司职员在使用计算机一段时间后，都或多或少都觉得计算机越用越慢，不如刚买来时运行速度快，纷纷提出希望对系统进行优化提速。

### 任务分析

解决这个问题，需要掌握以下知识：
（1）WindowsXP 的设置与管理。
（2）计算机为什么会变慢？
（3）系统性能测试软件的使用。
（4）系统优化软件的使用。

### 相关知识

### 一、WindowsXP 的设置与管理

#### （一）设置控制面板

在 Windows XP 中，用户可以根据自己的需要配置计算机，这些工作主要是通过"控制

面板"来完成的。在"控制面板"中，不仅可以设置系统设备的各种参数，而且可以实现人机交互的个性化设置。通常，用户可以选择"开始"→"控制面板"命令，打开"控制面板"窗口，如图 5-1 所示。

### 1. 设置多用户环境

Windows XP 是一个多用户的操作系统，允许多用户登录，可以给不同的用户分配不同的操作权限。设置多用户使用环境的具体步骤如下：

（1）选择"开始"→"控制面板"命令，打开"控制面板"窗口。

（2）双击"用户账户"图标，打开"用户账户"对话框，如图 5-2 所示。

（3）在"选择一个任务……"选项组中选择需要的选项。

（4）若用户要进行账户更改，可选择"更改账户"命令，在其中选择要更改的账户，按提示信息操作即可。

（5）若要创建一个新账户，则选择"创建一个新账户"命令，按提示信息操作即可。

🔔 **温馨提示** 可使用按两遍【Ctrl + Alt + Delete】组合键的方式更改登录方式。

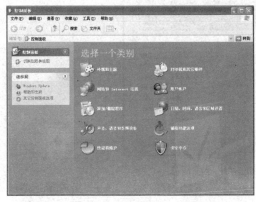

图 5-1 "控制面板"窗口

图 5-2 "用户账户"窗口

### 2. 添加/删除应用程序

在 Windows XP 中，要想使用一个程序必须事先进行安装，同样，如果不想使用某个应用软件，就可以将其删除。添加/删除应用程序的具体步骤如下：

1）添加应用程序

一个新的应用程序必须安装到 Windows XP 系统中才能够使用。但是，安装并不是简单地将应用程序复制到硬盘中，而是需要在安装过程中根据安装向导进行一系列的设置，并在 Windows XP 中注册，才能正常使用。

安装应用程序的方法目前主要有以下两种：

（1）商品化软件都配置了自动安装程序，只要播放光盘，系统会自动运行其安装程序，用户按提示进行操作即可。

（2）在网络中下载的软件一般只有一个可执行文件，安装程序通常为 Setup.exe 或者 Install.exe，运行该文件可进入安装过程。

2）删除应用程序

当某个程序不再使用，可以把它从 Windows 中删除，以节省磁盘空间。在 Windows XP

中，卸载应用程序不仅要删除应用程序包含的所有文件，还要删除系统注册表中该应用程序的注册信息，以及该程序在"开始"菜单中的快捷方式等文件。

删除应用程序的方法目前主要有以下两种：

（1）使用应用程序自带的卸载程序，一般为 Uninstall.exe 或者"卸载×××"，只需要双击该文件即可按提示完成卸载过程。

（2）使用 Windows XP 自带的"添加/删除程序"。

① 打开"控制面板"窗口，单击"添加/删除程序"图标，打开"添加或删除程序"对话框。

② 在"当前安装的程序"列表框中，选择将要删除的应用程序，将显示该程序的大小、使用频率、上次使用的时间等信息，这些可作为删除程序的依据，如图 5-3 所示。

③ 若确定删除所选中的应用程序，单击"删除"按钮，按提示完成卸载过程。

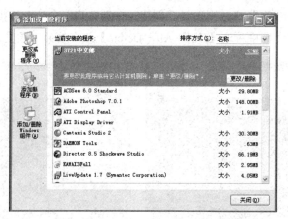

图 5-3　查看安装的应用程序信息

### 3. 查看系统服务

使用"服务"管理单元，有以下两个作用：

（1）如果服务失败时，设置如何执行故障恢复的操作，如自动重新启动或重新启动计算机。

（2）创建服务的自定义名称和描述，从而可以方便地识别它们。

如果用户要查看系统服务，可以通过下面的途径来实现：

（1）在"控制面板"对话框中双击"管理工具"图标，打开"管理工具"窗口，在窗口中双击"服务"图标，即可打开"服务"窗口，如图 5-4 所示。

（2）从图中可以看出，当用户选择其中的一项服务时，在左侧相应的"描述"中会出现关于此项服务的具体说明，这样可以很清楚地了解该项服务的功能，在对话框下方的状态栏中，有"扩展"和"标准"两个选项卡，当选择"扩展"选项卡时，描述在窗格左侧单独列出，这样用户可以更方便地查看。当选择"标准"选项卡时，左侧的描述消失而出现在常规列表中，用户可根据习惯进行选择其显示方式。

如果用户要启动、停止、暂停、恢复或重新启动服务，可进行如下操作。

在"服务"窗口中，选定某项服务然后右击，在弹出的快捷菜单中包括"启动""停止""暂停""恢复"和"重新启动"几个命令，当执行某命令后，所执行的操作可立刻生效，如图 5-5 所示。

图 5-4 "服务"窗口　　　　　　　　　图 5-5 快捷菜单中的选项

### （二）Windows XP 中防火墙的使用

防火墙是一种软件或硬件，它可以在计算机与 Internet 或网络上可能造成损害的内容之间建立保护屏障。防火墙可以帮助您的计算机抵御恶意用户和恶意软件（例如，计算机病毒和蠕虫）的攻击。Windows XP 采用了防火墙这种形式（称为 Internet 连接防火墙，ICF），有助于提供更高的安全性。

#### 1. 防火墙的启用与关闭

如果希望在直接拨入 Internet 服务提供商（ISP）时对拨号连接进行保护，或者保护与非对称数字用户线路（ADSL）或电缆调制解调器相连的 LAN 连接，则防火墙功能将非常有用。也可以在 Internet 连接共享（ICS）主机的 Internet 连接上启用防火墙功能，对 ICS 主机提供保护。

在 Windows XP SP2 中设置 Internet 连接防火墙的方法如下：

（1）双击"控制面板"中的"网络连接"图标，打开如图 5-6 所示的"网络连接"窗口。

（2）然后选择"更改 Windows 防火墙设置"选项，就会弹出图 5-7 所示的"Windows 防火墙"对话框。在"常规"选项卡中选择"启用（推荐）"单选按钮即可启用防火墙，选择"关闭（不推荐）"单选按钮即可关闭防火墙。

另外选择"开始"→"运行"命令，在文本框中输入 Firewall.cpl，如图 5-8 所示。然后单击"确定"按钮，也可以打开"Windows 防火墙"对话框，其余设置方法与上面相同。

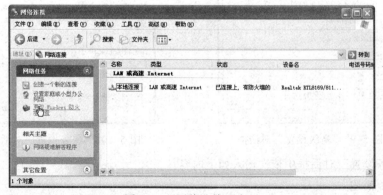

图 5-6 "网络连接"窗口

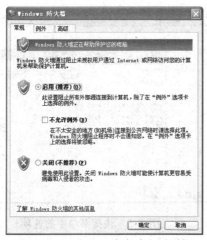

图 5-7 "Windows 防火墙"对话框　　　　　图 5-8 输入 Firewall.cpl 命令

### 2. 启用防火墙后如何实现网络共享

通过开启 Windows XP 系统中内置的防火墙可以让用户安心地上网冲浪，但是同时不能正常使用"网络共享"功能，防火墙在阻挡恶意程序时也会把常用的"网络共享"功能禁止。

下面介绍如何让"Internet 连接防火墙"和"网络共享"共存。

首先，为了计算机的安全在设置共享目录时，要为每个共享目录都设置允许访问的用户名和密码。

单击"Windows 防火墙"对话框中的"高级"选项卡，单击"网络连接设置"选项组中的"设置"按钮，弹出如图 5-9 所示的"高级设置"对话框。

在"高级设置"对话框中列出了几种常用的网络服务，但是这里并没有要使用的"网络共享"规则，所以我们需要添加规则。单击对话框中的"添加"按钮，弹出如图 5-10 所示的"服务设置"对话框。

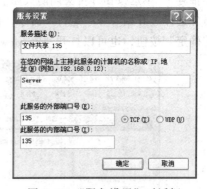

图 5-9 "高级设置"对话框　　　　　图 5-10 "服务设置"对话框

在"服务设置"对话框中依次输入如下内容：

（1）服务描述。

（2）计算机名称和 IP 地址。

（3）此服务的外部端口号。

（4）此服务的内部端口号。

上面设置的是 TCP 服务，但还需要使用 UDP 服务，所以还要重复前面的步骤，只是把选中"TCP"改成选中"UDP"就可以了。

经过以上设置，"Internet 连接防火墙"和"网络共享"就可以相安无事了。

### （三）WindowsXP 中虚拟内存的设置

当系统运行时，先要将所需的指令和数据从外部存储器（如硬盘、软盘、光盘等）调入内存中，CPU 再从内存中读取指令或数据进行运算，并将运算结果存入内存中，内存所起的作用就像一个"二传手"。

当运行一个程序需要大量数据、占用大量内存时，内存这个仓库就会被"塞满"，而在这个"仓库"中总有一部分暂时不用的数据占据着有限的空间，所以要将这部分"惰性"的数据"请"出去，以腾出地方给"活性"数据使用。这时就需要新建另一个后备"仓库"去存放"惰性"数据。由于硬盘的空间很大，所以微软 Windows 操作系统就将后备"仓库"的地址选在硬盘上，这个后备"仓库"就是虚拟内存。在默认情况下，虚拟内存是以名为pagefile.sys 的交换文件保存在硬盘的系统分区中，如图 5-11 所示。

默认状态下，是系统管理虚拟内存的，但是系统默认设置的管理方式通常比较保守，在自动调节时会造成页面文件不连续，而降低读/写效率，工作效率就显得不高，于是经常会出现"内存不足"这样的提示。手动进行虚拟内存的设置如下：

（1）右击桌面上的"我的电脑"图标，在出现的右键菜单中选择"属性"命令，打开"系统属性"对话框。在对话框中单击"高级"选项卡，如图 5-12 所示。

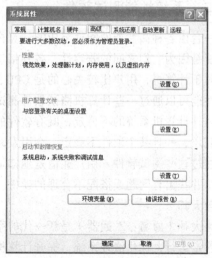

图 5-11　虚拟内存文件　　　　　　　　　　图 5-12　"系统属性"对话框

（2）单击"性能"区域的"设置"按钮，在出现的"性能选项"对话框中选择"高级"选项卡，打开其对话框，如图 5-13 所示。

（3）在该对话框中可看到关于虚拟内存的区域，单击"更改"按钮进入"虚拟内存"的设置对话框。选择一个有较大空闲容量的分区，选中"自定义大小"单选按钮，将具体数值填入"初始大小""最大值"文本框中，而后依次单击"设置确定"按钮即可，如图 5-14 所示，最后重新启动计算机使虚拟内存设置生效。

根据一般的设置方法，虚拟内存交换文件最小值、最大值同时都可设为内存容量的 1.5 倍，但如果内存本身容量比较大，比如内存是 2 048 MB，那么它占用的空间也是很可观的。所以可以这样设定虚拟内存的基本数值：内存容量在 2 0480 MB 以下，就设置为 1.5 倍，在 4 096 MB 以上，设置为内存容量的一半，介于 2 048 MB 与 4 096 MB 之间的设为与内存容量相同值。

图 5-13 "性能选项"对话框

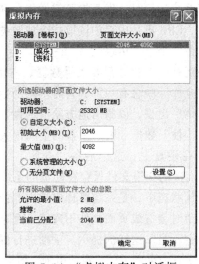

图 5-14 "虚拟内存"对话框

## 二、系统性能测试软件

一台由各种高性能的配件组成的计算机，并不一定能把它们的极限充分地发挥出来，这有可能是因为它们之间的兼容性、各种接口速度不同或运行速度不匹配造成的。

对于计算机，用户比较关心的是 CPU、内存、显卡、硬盘和计算机的整体性能，实际上这些性能可以通过一些计算机测试软件测试出来。

另外计算机系统的不稳定，既有软件的原因，也有硬件方面的原因。计算机硬件工作在系统底层，一旦某个硬件不稳定，会引发系统运行不正常，甚至经常死机。

通过这些测试软件，用户能清楚地知道自己使用的计算机的性能、稳定性、各硬件的兼容性，并找出有问题或搭配不合理的硬件。

**鲁大师**

鲁大师（原名：Z 武器）是新一代的系统工具。它能轻松辨别计算机硬件真伪，保护计算机稳定运行，优化清理系统，提升计算机运行速度。

它简明直观地提供计算机的实时传感器信息，例如处理器温度、显卡温度、主硬盘温度、主板温度、处理器风扇转速等。这些信息将会随着计算机的运行实时发生变化，如图 5-15 所示。

1）软件概述

在鲁大师主界面的上方分布着主要功能按钮，包括：硬件检测、温度监测、性能测试、节能降温、一键优化和高级工具。

图 5-15 鲁大师

2）硬件检测

包含电脑概览、硬件健康、处理器信息、主板信息、内存信息、硬盘信息、显卡信息、显示器信息、网卡信息、声卡信息、其他硬件、功耗估算等功能，如图 5-16 所示。

图 5-16 "硬件检测"对话框

3）温度监测

包含温度监测与内存优化功能，如图 5-17 和图 5-18 所示。

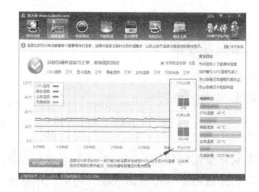

图 5-17 "温度监测"对话框

图 5-18 "内存优化"选项卡

4）性能测试

包含电脑综合性能评分、处理器性能评分、显卡性能评分、内存性能评分、硬盘性能评分、显示器测试等功能，如图 5-19 所示。完成测试后用户可以通过单击"查看综合排行榜"

链接查看用户的计算机在鲁大师计算机整体性能排行榜中的排名情况。

5）驱动管理

包含驱动安装、驱动备份、驱动恢复等功能。当检测到电脑硬件有新的驱动时，"驱动安装"选项卡下将会显示硬件名称、设备类型、驱动大小、已安装的驱动版本、可升级的驱动版本。可以使用默认的"升级"以及"一键修复"功能，也可以手动设置驱动的下载目录，如图 5-20 所示。

图 5-19 "性能测试"对话框          图 5-20 "驱动管理"对话框

## 三、系统优化软件

随着硬盘越来越大，软件越来越多，计算机的运算速度却变得越来越慢。对于比较专业的计算机用户来说，可以通过修改注册表、整理文件等操作来改变计算机的现状，但对于一般用户来说真是无计可施。为了方便一般用户对计算机进行管理，可以使用系统优化软件这样的工具软件来优化自己的系统。

### （一）优化大师

Windows 优化大师是一款功能强大的系统工具软件，它提供了全面有效且简便安全的系统检测、系统优化、系统清理、系统维护 4 大功能模块及数个附加的工具软件。

使用 Windows 优化大师，能够有效地帮助用户了解自己的计算机软硬件信息；简化操作系统设置步骤；提升计算机运行效率；清理系统运行时产生的垃圾；修复系统故障及安全漏洞；维护系统的正常运转，其界面如图 5-21 所示。

图 5-21 优化大师

### （二）360 安全卫士

360 安全卫士是奇虎自主研发的软件一款电脑安全辅助软件，360 安全卫士拥有查杀木马、清理插件、修复漏洞、电脑体检等多种功能，并独创了"木马防火墙"功能，依靠抢先侦测和云端鉴别，可全面、智能地拦截各类木马，保护用户的账号、隐私等重要信息。

目前木马威胁之大已远超病毒，360 安全卫士运用云安全技术，在拦截和查杀木马的效果、速度以及专业性上表现出色，能有效防止个人数据和隐私被木马窃取，被誉为"防范木马的第一选择"。

360 安全卫士自身非常轻巧，同时还具备开机加速、垃圾清理等多种系统优化功能，可大大加快计算机运行速度，内含的 360 软件管家还可帮助用户轻松下载、升级和强力卸载各种应用软件，如图 5-22 和图 5-23 所示。

图 5-22　360 安全卫士"电脑清理"功能

图 5-23　360 安全卫士"优化加速"功能

### （三）系统优化设置

下面以 Windows 优化大师为例，主要介绍如何利用 Windows 优化大师进行系统信息检测、系统性能优化和系统清理维护。

安装完成 Windows 优化大师后，双击桌面上的快捷方式图标，打开如图 5-24 所示的操作窗口。该窗口左侧为模块列表窗格，包括"系统检测"、"系统优化"、"系统清理"和"系统维护"4 个模块。右侧窗格采用页面式控件，十几项功能仅用一个窗口就可显示出来。

在前面的章节中，已经介绍了整机性能测试工具和软硬件检测工具，在优化大师中也具有系统信息检测功能，这里就不再讲述。下面直接从"系统优化"功能开始讲解。

#### 1. 系统优化

Windows 优化大师中提供的"系统优化"模块可以方便用户进行磁盘缓存优化、文件系统优化、网络系统优化、开机速度优化、系统安全优化和系统个性设置等。

如果要进行磁盘缓存优化，可以在"系统优化"模块中单击"磁盘缓存优化"选项卡，在右侧窗格中显示其优化内容，如图 5-25 所示。在该功能下可以进行输入/输出缓存大小设置、内存性能配置、虚拟内存设置和其他相关设置。

图 5-24　Windows 优化大师操作界面

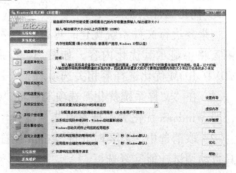

图 5-25　磁盘缓存优化

1）优化磁盘缓存

（1）单击"磁盘缓存优化"选项卡，将"输入/输出缓存大小"下方的滑块拖至最右侧，将缓存大小设置为最大内存，该选项是根据用户的物理内存进行设置的，如果用户的物理内存小于 384 MB，应将缓存设置为 32 MB。

（2）选中"计算机设置为较多的 CPU 时间来运行"复选框，并单击打开右侧的下拉列表框，从中选择"程序"命令。

（3）选中"Windows 自动关闭停止响应的应用程序"复选框。

（4）将"关闭无响应程序的等待时间"调整为"10"秒；将"应用程序出错的等待响应时间"调整为"1"秒。

（5）设置完成后，单击"优化"按钮即可。

2）优化桌面菜单

如果要进行桌面菜单优化，可以在"系统优化"模块中单击"桌面菜单优化"选项卡，在右侧窗格中显示其优化内容，如图 5-26 所示。在该功能下可以设置菜单运行速度、桌面图标缓存等相关选项。

（1）在"桌面菜单优化"选项卡中，将"开始菜单速度"下方的滑块拖动至左侧第 2 个标尺刻度。

（2）"菜单运行速度"下方的滑块拖动至左侧第 3 个标尺刻度。

（3）选中"关闭菜单动画效果"复选框；选中"关闭平滑卷动效果"复选框。

（4）选中"关闭'开始'菜单动画提示"复选框。

（5）选中"禁止系统记录运行的程序、使用的路径和用过的文档"复选框。

（6）设置完成后如图 5-27 所示，然后单击"优化"按钮。

图 5-26　桌面菜单优化

图 5-27　设置桌面菜单优化

3）优化文件系统

如果要进行文件系统优化，可以在"系统优化"模块中单击"文件系统优化"标签，在右侧窗格中显示其优化内容，如图 5-28 所示。在该功能下可以设置二级数据高级缓存、CD/DVD-ROM 优化选择等相关选项。

（1）在"文件系统优化"选项卡中将"CD/DVD-ROM 优化选择"下方的滑块拖动至最右端，即 Windows 优化大师推荐值。

（2）取消选中"需要时允许 Windows 自动优化启动分区"复选框；取消选中"关闭调试工具自动调试功能"复选框。

（3）设置完成后，单击"优化"按钮。

4）使用"设置向导"进行网络优化

如果要进行网络优化，可以在"系统优化"模块中单击"网络系统优化"选项卡，在右侧窗格中显示其优化内容，如图 5-29 所示。在模块中可以设置上网方式、最大传输单元大小、最大数据段长度等相关选项。

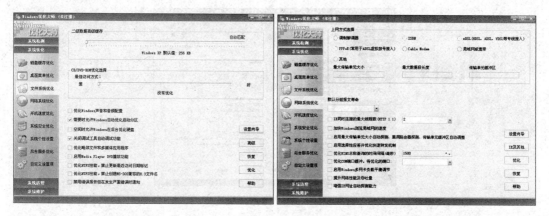

图 5-28　优化文件系统　　　　　　　　图 5-29　网络系统优化

（1）在"网络系统优化"选项卡中单击"设置向导"按钮，打开"网络系统自动优化向导"对话框。

（2）单击"下一步"按钮，在"选择上网方式"对话框中选择"xDSL"单选按钮，如图 5-30 所示。

（3）单击"下一步"按钮，系统自动生成优化方案，然后单击"下一步"按钮，根据提示重新启动计算机，使优化设置生效。

5）优化开机速度

如果要进行开机速度优化，可以在"系统优化"模块中单击"开机速度优化"选项卡，在右侧窗格中显示其优化内容，如图 5-31 所示。在该功能下可以设置启动信息停留时间、预读方式、开机时不自动运行的项目等相关选项。

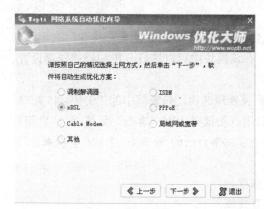

图 5-30　选择上网方式　　　　　　　　图 5-31　开机速度优化

（1）在"开机速度优化"选项卡中将"启动信息停留时间"下方的滑块拖动至 10 秒。

（2）选中"异常时启动磁盘错误检查等待时间"复选框。

（3）在"请勾选开机时不自动运行的项目"列表框中选择启动计算机后不希望运行的程序。

（4）设置完成后如图 5-32 所示，然后单击"优化"按钮。

图 5-32  设置优化开机速度

💭 温馨提示：开机速度优化也可使用"系统配置实用程序"模块设置，在"运行"中输入 msconfig，如图 5-33 所示，然后按【Enter】键，出现如图 5-34 所示对话框。在"启动"选项卡中勾选需要启动的项即可。

图 5-33  输入 msconifg

图 5-34  系统配置实用程序

6）优化系统安全

如果要进行系统安全优化，可以在"系统优化"模块中单击"系统安全优化"选项卡，在右侧窗格中显示其优化内容，如图 5-35 所示。在该模块中可以进行分析和处理选项设置、进程管理、文件加密等相关设置。

（1）在"系统安全优化"选项卡中选中"分析及处理选项"列表框中的"关闭 445 端口"复选框、"启用自动抵御 SYN 攻击"复选框、"启用自动抵御 ICMP 攻击"复选框、"启用自动抵御 SNMP 攻击"复选框、"禁止本机相应网络请求发布自己的 NetBIOS 名称"复选框、"减少连接有效性验证间隔时间"复选框。

（2）选中"禁止系统自动启用管理共享"复选框。

（3）选中"禁止系统自动启用服务器共享"复选框。

（4）选中"隐藏自己的共享文件夹"复选框。

（5）选中"当关闭 Internet Explorer 时，自动清空临时文件"复选框。

（6）设置完成后，单击"优化"按钮。

7）进行系统个性设置

如果要进行系统个性设置，可以在"系统优化"模块中单击"系统个性设置"选项卡，在右侧窗格中显示其优化内容，如图 5-36 所示。在该功能下可以进行右键设置、进程管理、桌面设置、文件夹图标以及其他设置。

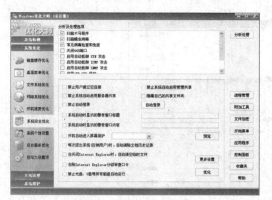

图 5-35　系统安全优化

图 5-36　系统个性设置

（1）在"系统个性设置"选项卡中的"右键设置"栏中选中"在右键菜单加入'重新启动计算机'"复选框。

（2）在"桌面设置"栏中选中"开始菜单依字母顺序排序"复选框。

（3）如果用户在本地计算机中备份了 Windows 安装程序，可以选中"更改 Windows 安装盘位置"复选框，然后单击文本框右侧的按钮，更改 Windows 安装程序位置。

（4）设置完成后，单击"设置"按钮，系统提示用户重启计算机，使得设置生效。

### 2. 系统清理和维护

Windows 优化大师提供的"系统清理"和"系统维护"模块可以清理注册信息、磁盘文件、冗余 DLL 和 ActiveX 等，还可以进行磁盘碎片整理、驱动智能备份、系统分区检查等操作。

如果要清理计算机中的垃圾文件，可以在"系统清理"模块中单击"磁盘文件管理"选项卡，在右侧窗格中显示其管理内容，如图 5-37 所示。在该功能下可以设置扫描选项、删除选项、文件类型等。

1）清理磁盘中的垃圾文件

（1）单击"磁盘文件管理"选项卡，单击其中的"扫描选项"选项卡，取消选中"允许扫描只读属性文件"复选框，如图 5-38 所示。

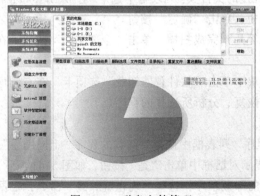

图 5-37　磁盘文件管理

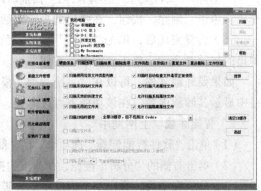

图 5-38　设置扫描选项

（2）单击"删除选项"选项卡，选中"用'Wopti 文件粉碎机'不可恢复地删除文件"复选框，如图 5-39 所示。

图 5-39　设置删除选项

（3）单击"文件类型"选项卡，在"扫描时跳过的文件夹"列表框中选中"存放临时文件夹"选项，单击"删除"按钮，在弹出的提示对话中，单击"确定"按钮，如图 5-40 所示。

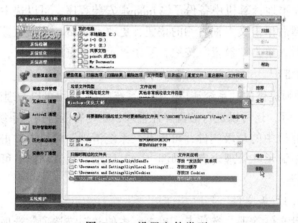

图 5-40　设置文件类型

（4）单击"文件类型"选项卡，在"扫描时跳过的文件夹"列表框中选中"存放 IE Cookies"选项，单击"删除"按钮，在弹出的提示对话中，单击"确定"按钮。

（5）设置完成后，单击"扫描"按钮。稍等片刻完成扫描，单击"全部删除"按钮，在弹出的提示对话中，单击"确定"按钮即可。

如果要卸载软件，可以在"系统清理"模块中单击"软件智能卸载"选项卡，在右侧窗格中显示其卸载内容。在该功能下可以卸载、恢复、分析所选择的程序。

2）智能卸载"上网助手"

（1）单击"软件智能卸载"选项卡，在"程序"列表框中选择要卸载的程序"上网助手"。

（2）单击右侧的"分析"按钮，在弹出的提示对话框中单击"是"按钮，如图 5-41 所示。

（3）分析完毕后，弹出"上网助手"自带的卸载程序，选择"现在就卸载"命令，根据向导提示完成卸载。

温馨提示：不同软件的具体卸载过程不尽相同，但是卸载的方法都是类似的，即先分析，后卸载。

3）清理注册表

如果要清理注册表，可以在"系统清理"模块中单击"注册信息清理"选项卡，在右侧窗格中显示其清理内容，如图 5-42 所示。在该功能下可以指定要扫描的注册信息，然后将扫描到的注册信息删除即可。

在图 5-42 所示的窗口中，默认选择系统推荐的复选项目，然后单击右侧的"扫描"按钮，当扫描完毕后，单击"全部删除"按钮，在弹出的提示框中，询问是否要备份注册表信息，如果需要备份则单击"是"按钮。

图 5-41　分析要卸载的程序

图 5-42　清除注册表信息

🔔 **温馨提示:** 只有注册用户才能执行"全部删除"命令，未注册用户只能手动删除扫描结果。

当所有的优化设置都完成后，关闭 Windows 优化大师，此时弹出提示框，如图 5-43 所示。如果想立即生效，单击"确定"按钮，下次启动计算机后所作的优化设置才可生效。

图 5-43　提示对话框

## 四、计算机为什么会变慢

计算机为什么越用越慢，上网为什么越来越卡，玩游戏越来越不流畅，本来一切正常的计算机究竟发生了什么事？据网络调查分析，计算机系统慢已经变成用户最为关注和反映最多的问题。

### （一）安装的程序多，开机加载慢

多数人都会认为计算机中装的东西多了，占用的空间大了，就会使计算机速度变慢，这其实是个误区。计算机中都会装有各种各样的应用程序，其中有很多可能都是很少用到或者不再需要使用的，虽然这些程序占用的空间可能并不会直接导致计算机变慢，但它们也很有可能是致使系统变慢的罪魁祸首。

软件在安装和使用的过程中，通常都会向系统目录和系统注册表中写入一些文件和数据，而有些数据和文件就算在软件卸载后也不会被删除，这些数据和文件越来越多，就会使系统越来越臃肿，导致系统运行效率下降。

还有一些软件会系统服务或者自动启动的方式，在系统启动时就自动运行，系统启动后加载的程序越多，运行效率自然也就越低了。可打开任务管理器查看运行的程序，如图 5-44 所示。

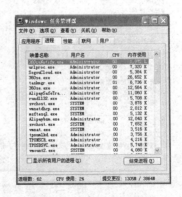

图 5-44　"任务管理器"

而且如果安装的软件过多，导致系统硬盘剩余空间不足，也会使系统运行速度降低。

要解决这些问题，就要保持良好的软件使用习惯，不再需要的软件就将其卸载，尽量不要安装不需要的软件，而不必要的程序也将其设置为不要跟随系统自动启动。另外，还可以借助一些专业的卸载工具来彻底清除软件残留在系统中的"垃圾"。

**（二）桌面图标太多**

桌面上有太多图标也会降低系统启动速度。很多人都喜欢将各种软件或者游戏的快捷方式放在桌面上，使用时十分方便，其实这样一来会使得系统启动变慢很多。由于 Windows 每次启动并显示桌面时，都需要逐个查找桌面快捷方式的图标并加载它们，图标越多，所花费的时间就越多。同时有些杀毒软件提供了系统启动扫描功能，这将会耗费非常多的时间，如果用户已经打开了杀毒软件的实时监视功能，那么启动时扫描系统就显得有些多余，应将这项功能禁止。

要解决这个问题，建议大家将不常用的桌面图标放到一个专门的文件夹中或者删除。

**（三）磁盘碎片过多**

磁盘碎片是在对硬盘数据进行读/写时日积月累产生的，碎片多了，就会延长硬盘读取数据所花费的时间，降低运行速度。

要解决这个问题，就需要养成定期执行磁盘碎片整理的习惯，当然，也可以借助一些具有自动整理或定期整理功能的专用软件来帮助用户完成操作，如图 5-45 所示。

**（四）虚拟内存过小**

硬盘中有一个很庞大的数据交换文件，它是系统预留给虚拟内存作暂存的地方，很多应用程序都经常会使用到，所以系统需要经常对主存储器作大量的数据存取，因此存取这个档案的速度便构成影响计算机快慢的非常重要因素，在默认情况下，虚拟内存是以名为 pagefile.sys 的交换文件保存在硬盘的系统分区中。

一般 Windows 预设的是由系统自行管理虚拟内存，它会因不同程序所需而自动调整大小，但这样的变大缩小会给系统带来额外的负担，令系统运作变慢。因此，用户最好自定虚拟内存的最小值和最大值，避免经常变换大小，如图 5-46 所示。

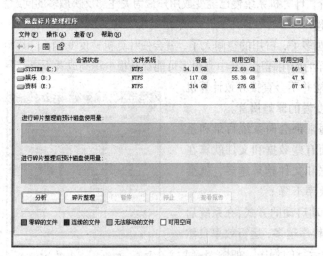

图 5-45  磁盘碎片整理程序

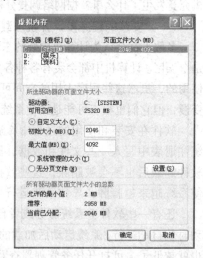

图 5-46  "虚拟内存"对话框

**任务实施**

### 一、任务场景

公司职员在使用计算机一段时间后，都或多或少都觉得计算机越用越慢，不如刚买来时快，需要对系统进行优化提速。

### 二、实施过程

（1）检查用户机器的硬件配置，建议用户安装符合硬件配置的操作系统及驱动程序，可以考虑使用鲁大师来进行整机检测。

（2）设置合适的虚拟内存大小，如前所述。

（3）定期清理硬盘空间，删除无用文件。

（4）卸载不用的软件，关闭不使用的服务。

① 软件卸载的常用方法：

- 使用软件自带的卸载程序 Uninstall。
- 通过 Windows 自带的"添加/删除程序"卸载。
- 通过 Windows 优化大师等第三方软件卸载。
- 反安装卸载软件。
- 绿色软件直接删除。

② 服务关闭的常用方法：

- 通过 Windows 控制面板下管理工具中的"服务"关闭。
- 通过 Windows 优化大师等第三方软件关闭。

（5）使用系统优化软件，完成系统的检测、清理与优化。

**任务小结**

通过完成本次任务，读者应掌握如何检测系统的性能及系统优化。

（1）掌握 WindowsXP 的设置与管理。

（2）掌握系统检测及优化的流程。

（3）掌握系统检测及优化软件的使用。

# 项目拓展实训

### 一、实训名称

优化计算机开机速度。

### 二、实训目的

（1）能正确分析开机速度变慢的原因。

（2）掌握系统检测及优化软件的使用。

### 三、实训条件

（1）计算机。

（2）Windows 优化大师。

## 四、实训内容

针对计算机开机速度慢的问题，在分析各项原因后针对性的进行系统优化设置。

## 五、实训要求

（1）分析确定计算机开机速度优化的方案。
（2）通过系统优化软件执行系统优化。

# 任务六　计算机病毒查杀与系统安全维护

**任务提出**

公司职员小张在使用了计算机一段时间后，某天打开计算机，发现计算机无法正常使用，屏幕上布满了"熊猫烧香"图标，如图 6-1 所示。环顾四周，他发现同事们脸上都有同样的惊诧表情。整整一天，公司全部计算机无法正常使用，公司业务完全陷于瘫痪，由此造成的损失非常惨重。

图 6-1　可执行文件感染"熊猫烧香"病毒后的图标

**任务分析**

当计算机莫名地出现无法正常使用或其他异常的现象时，首要考虑的是计算机是否感染了病毒？那么什么是计算机病毒，计算机是如何感染病毒的，如何防范及查杀病毒呢？需要掌握如下知识：

（1）计算机病毒的概念、特征、分类与发展等基础知识。
（2）蠕虫病毒的特征、分类、感染症状和处理方法。
（3）木马的危害和木马程序的清除。
（4）常用杀毒工具的使用方法和技巧。

## 一、计算机病毒的基础知识

### （一）计算机病毒的定义

计算机病毒就是对计算机资源进行破坏的一组程序或指令集合。该组程序或指令集合能通过某种途径潜伏在计算机存储介质或程序里，当达到某种条件时即被激活。它用修改其他程序的方法将自己的精确复制或者以演化的形式放入其他程序中，从而感染它们。之所以叫做病毒是因为它就像生物病毒一样具有传染性。与医学上病毒不同的是，它不是天然存在的，是某些人利用计算机软、硬件所固有的脆弱性，编制的具有特殊功能的程序。计算机病毒具有独特的复制能力。

### （二）计算机病毒的特点

#### 1. 隐蔽性

病毒一般是具有很高编程技巧、短小精悍的程序。通常附在正常程序中或磁盘的较隐蔽的地方，也有个别病毒以隐含文件形式出现，目的是不让用户发现它的存在。如果不经过代码分析，病毒程序与正常程序是不容易区别开的。一般在没有防护措施的情况下，计算机病毒程序取得系统控制权后，可以在很短的时间内传染给大量程序。而且受到传染后，计算机系统通常仍能正常运行，使用户不会感到任何异常。试想，如果病毒在传染到计算机上之后，计算机马上无法正常运行，那么它本身便无法继续进行传染。

正是由于隐蔽性，计算机病毒得以在用户没有察觉的情况下扩散到上百万台计算机中。大部分的病毒的代码之所以设计得非常短小，也是为了隐藏。病毒一般只有几百字节，这相对于计算机的文件存取速度显得微不足道，所以病毒转瞬之间便可将这短短的几百字节附着到正常程序之中而不易被察觉。

#### 2. 破坏性

任何病毒只要侵入系统，都会对系统及应用程序产生不同程度的影响。轻者会降低计算机工作效率，占用系统资源，重者可导致系统崩溃或者直接损毁计算机中的数据。

由病毒的破坏特性可将病毒分为良性病毒与恶性病毒。良性病毒可能只显示一些干扰用户的画面或播放音乐、无聊的语句等，或者根本没有任何破坏动作，只是会占用系统资源，减低计算机的运行效率。这类病毒比较多，如：GENP、W-BOOT 等。恶性病毒一般有明确的目的，或捣毁系统，或破坏数据、删除文件，或加密磁盘、往往可能对数据造成不可挽回的破坏。这也反映出病毒编制者的险恶用心。

#### 3. 传染性

计算机病毒的传染性是指病毒具有把自我复制传播或通过其他途径进行传播的特性。正常的计算机程序一般是不会将自身的代码强行连接到其他程序之上的。而病毒却能使自身的代码强行传染到一切符合其传染条件的未受到传染的程序之上。

计算机病毒是人为编制的计算机程序代码，这种程序代码一旦进入计算机并在适合的条件下得以激活或执行，它就会搜寻其他符合其传染条件的程序或存储介质，确定目标后再将自身代码复制到其中，达到自我繁殖的目的。只要计算机中的某一个文件感染了病毒，如没有得到及时的处理，那么病毒就会在这台计算机上迅速扩散，其中的大量符合感染条件的文件（一般是可执行文件）都会被感染。同样，被感染的文件又成了新的传染源再进行传播。如果某台计算机再与其他的计算机进行数据交换或通过网络等渠道进行接触，病毒还会继续传播感染其他的计算机。

是否具有传染性是判别一个程序是否为计算机病毒的最重要条件。

### 4. 潜伏性

大部分的病毒感染系统之后一般不会马上发作，它可长期隐藏在系统中，只有在满足其特定条件时才启动其表现（破坏）模块。只有这样它才可广泛地传播。如"PETER-2"病毒在每年 2 月 27 日会提三个问题，答错后会将硬盘加密。著名的"黑色星期五"每逢即是 13 号又是星期五的时间发作。国内的"上海一号"会在每年 3、6、9 月的 13 日发作。还有 26 日发作的 CIH 病毒。这些病毒平时十分隐蔽，只有在符合发作时间条件的情况下才会露出本来面目。

### 5. 非授权性

一般正常的程序是由用户调用，再由系统分配资源，完成用户交给的任务。其目的对用户是可见的、透明的。而病毒不仅具有正常程序的一切特性，而且它是隐藏在正常程序中的，当用户调用正常程序时，病毒程序也可能被激活运行，进而窃取到系统的控制权，并先于正常程序执行。病毒的目的对用户时未知的，是未经用户允许的。

### 6. 不可预见性

从对病毒检测的角度来看，病毒还有不可预见性。不同种类的病毒，它们的代码千差万别，但有些操作是共有的（如驻内存，改中断号）。有些人利用病毒的这种共性，制作了声称可查所有病毒的程序，这种程序的确可查出一些新病毒，但由于目前的软件种类极其丰富，且某些正常软件程序也使用了类似病毒的操作甚至借鉴了某些病毒的技术。所以使用这种方法对病毒进行检测势必会造成较多的误报情况。此外，病毒的制作技术也在不断的提高，何况病毒对于反病毒软件而言永远是超前和不可预见的。

### （三）常见计算机病毒的类型介绍

#### 1. 宏病毒

宏病毒（Macro Virus）是目前最热门的话题，它主要是利用软件本身所提供的宏能力来设计病毒，所以凡是具有宏能力的软件都有宏病毒存在的可能性，如 Word、Excel、AmiPro 都相继传出宏病毒危害的事件，在中国台湾最著名的例子就是 Taiwan NO.1 Word 宏病毒。

#### 2. 引导型病毒

引导型病毒（Boot Strap Sector Virus）又称开机型病毒。这类病毒隐藏在硬盘或软盘的引导区（BootSector），当计算机从感染病毒的硬盘或软盘启动，或当计算机从受感染的软盘中读取数据时，引导区病毒就开始发作。一旦它们将自己复制到机器的内存中，马上就会感染其他磁盘的引导区，或通过网络传播到其他计算机上。

#### 3. 脚本病毒

脚本病毒（Script Virus）依赖一种特殊的脚本语言（如：VBScript、JavaScript 等）起作用，同时需要软件或应用环境能够正确识别和翻译这种脚本语言中嵌套的命令。脚本病毒在某方面与宏病毒类似，但脚本病毒可以在多个产品环境中进行，还能在其他所有可以识别和翻译它的产品中运行。脚本语言比宏语言更具有开放终端的趋势，这样使得病毒制造者对感染脚本病毒的机器可以有更多的控制力。

**4. 文件型病毒**

文件型病毒（File Infector Virus）通常寄生在可执行文档（如*.com，*.exe 等）中。当这些文件被执行时，病毒的程序就跟着被执行。如果集中引导型病毒和文件型病毒共有的特点，那可以称之为复合型病毒。

**5. 特洛伊木马**

特洛伊木马（Trojan）程序通常是指伪装成合法软件的非感染型病毒，但它不进行自我复制。有些木马可以模仿运行环境，收集所需的信息，最常见的木马便是试图窃取用户名和密码的登录窗口，或者试图从众多的 Internet 服务器提供商（ISP）盗窃用户的注册信息和账号信息。

**6. 网络蠕虫病毒**

网络蠕虫病毒（Worm Virus）是一种通过间接方式复制自身的非感染型病毒，是互联网上危害极大的病毒，该病毒主要借助于计算机对网络进行攻击，传播速度非常快。有些网络蠕虫拦截 E-mail 系统向世界各地发送自己的复制品；有些则出现在高速下载站点中同时使用两种方法与其他技术传播自身。比如"冲击波"病毒可以利用系统的漏洞让计算机重启，无法上网，而且可以不断复制，造成计算机和网络的瘫痪。

**（四）计算机感染病毒后的症状**

一般来说，当出现以下现象，应怀疑计算机可能已经感染了病毒。

（1）文件无故丢失、文件属性发生变化、文件名不能辨认。

（2）可执行程序的文件长度变大。

（3）计算机运行速度明显变慢。

（4）自动链接陌生的网站。

（5）磁盘容量无故被占用。

（6）不识别磁盘设备。

（7）系统经常死机或自动重启，或是系统启动时间过长。

（8）计算机屏幕出现异常提示信息、异常滚动、异常图形显示。

（9）磁盘上发现不明来源的隐藏文件。

## 二、防治计算机病毒的一般方法

病毒的侵入必将对系统资源构成威胁，因此防治计算机病毒的侵入要比病毒侵入后的发现和清除更重要。作为计算机用户，应以预防为主，以防病毒软件查毒为辅。下面介绍防治计算机病毒的一般方法。

系统中的数据要定期进行备份。

（1）系统文件和用户数据文件应分别存放在不同的子目录中。

（2）经常检查一些可执行文件的长度，当发现文件长度发生变化时，应考虑是否计算机感染上病毒。

（3）对公用软件和共享软件应该谨慎使用，对于来路不明的软件应先用防毒软件检查，确定无毒后再使用。

项目二 计算机维护

（4）定期使用最新版本的杀毒软件对整个系统进行查杀。

（5）对执行重要工作的计算机要专机专用、专盘专用。

（6）对于利用网络和操作系统漏洞传播的病毒，可以采取分割区域统一清除的办法，在清除后要及时采取打补丁和系统升级等安全措施。

（7）建立规章制度，宣传教育，管理预防。

### 三、常用杀毒软件

随着计算机应用的日趋深入和普及，计算机病毒在我国的不断出现和蔓延给用户带来了极大的危害，因此也出现了许多反病毒软件。这些软件可以检测和清除大部分病毒，是计算机维护的重要工具。杀毒软件通常集成监控识别、病毒扫描和清除以及自动升级等功能，另外，有些杀毒软件还带有数据恢复等功能。

#### （一）杀毒软件的原理

杀毒软件的任务是实时监控和扫描磁盘。部分杀毒软件通过在系统添加驱动程序的方式进驻系统，并且随操作系统启动。大部分的杀毒软件还具有防火墙功能。

杀毒软件的实时监控方式因软件而异。有些杀毒软件是通过在内存中划分一部分空间，将计算机中流过内存的数据与杀毒软件自身所带的病毒库（包含病毒定义）的特征码相比较，以判断是否为病毒；另外一些杀毒软件则在所划分到的内存空间中虚拟执行系统或用户提交的程序，根据其行为或结果做出判断。

扫描磁盘的方式和上面提到的实时监控的第一种工作方式基本相同，只是在这里，杀毒软件将会将磁盘上所有的文件（或者用户自定义扫描范围内的文件）做一次检查。

#### （二）外国杀毒软件

（1）Kaspersky 卡巴斯基（世界三大杀毒软件之一，杀毒软件领导品牌）。

（2）G-DATA Anti Virus（源于德国，具有超强的杀毒能力，世界著名品牌）。

（3）F-Secure Anti-Virus（知名领导品牌，世界领先的分布式防火墙技术）。

（4）McAfee VirusScan（世界三大杀毒软件之一，全球最畅销的杀毒软件之一）。

（5）Norton AntiVirus 诺顿（世界三大杀毒软件之一，世界领先的安全内容管理供应商）。

（6）ESET Nod32（世界一流杀毒软件，最快侦测速度的杀毒软件）。

（7）BitDefender（知名领导品牌，综合测评连续 9 年世界排名前列）。

（8）Norman VirusControl（欧洲名牌杀毒软件，著名病毒扫描引擎）。

（9）AVG Anti-Virus（欧洲著名杀毒软件，获得世界百分百查杀大奖）。

（10）趋势科技（网络安全软件及服务领域的全球知名品牌，世界知名品牌）。

#### （三）国内杀毒软件

（1）瑞星杀毒软件。

（2）金山毒霸。

（3）360 杀毒。

（4）江民杀毒软件。

#### （四）杀毒软件的使用

在日常工作中，需要使用杀毒软件来防止计算机病毒的入侵。卡巴斯基中文单机版（Kaspersky Anti-Virus Personal）是俄罗斯著名数据安全厂商 Kaspersky Labs 专为个人用户度身定制的反病毒产品，它和赛门铁克的诺顿防病毒软件、McAfee Virusscan 一起被公认为全球最佳的 3 款防病毒软件。

下面以 Kaspersky AVP6.0 版本为例，主要介绍利用 Kaspersky AVP 查杀病毒、进行病毒扫描的参数设置等操作。

安装卡巴斯基后，根据"安装向导"进行简单的设置，设置完成后重新启动计算机，卡巴斯基将自动运行并扫描计算机中的文件。单击系统提示区中的图标 ，打开如图 6-2 所示的操作界面。卡巴斯基的操作界面中主要包括 3 个操作选项："保护""设置"和"帮助"。

（1）"保护"选项：主要实现各种文件的保护、病毒的查杀、软件版本的更新和显示查杀病毒的结果报告。

（2）"设置"选项：主要对文件保护、病毒扫描、软件更新的等参数进行设置。

（3）"帮助"选项：提供使用帮助信息。

### 1. 查杀病毒

（1）打开卡巴斯基主界面，单击"扫描"选项卡，在右窗格的"扫描"列表框中选中"本地磁盘（C:）"复选框，然后单击"添加"按钮，在"选择扫描对象"窗口中，单击"邮件数据库"，将其添加到被扫描对象中，单击"确定"按钮返回，如图 6-3 所示。

图 6-2　卡巴斯基操作界面

图 6-3　选择并添加待扫描的对象

（2）选择"操作"→"设置"命令，打开"设置"窗口，单击对话框中的"自定义"按钮，在打开窗口"增量扫描"栏中选中"只扫描新建和改动的文件"复选框，然后单击"确定"按钮返回，如图 6-4 所示。

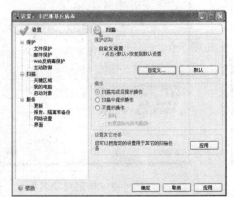

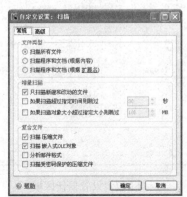

图 6-4　设置扫描参数

（3）设置完成后，返回卡巴斯基主界面，单击"扫描"按钮，弹出"扫描"窗口，如图 6-5 所示。该对话框上半部分显示扫描文件的进度，下半部分的窗口中可分别显示已检测的病毒信息、扫描文件的统计信息和扫描设置。

（4）扫描完毕后，检测到的病毒文件或可疑文件会显示在图 6-5 窗口的下半区域中。选中病毒文件，选择"操作"→"清除"命令，即可删除该文件，如图 6-6 所示。

图 6-5　正在扫描文件

图 6-6　对病毒文件进行处理

（5）查看完扫描信息后，依次单击"关闭"按钮，退出卡巴斯基界面。

🔔 **温馨提示**：卡巴斯基程序正在扫描对象时，其系统提示区内的图标变成 。

### 2.　在卡巴斯基中进行信任区域设置

（1）在卡巴斯基主界面上选择"设置"命令，打开"设置"窗口。在"设置"列表框中，选择"保护"命令，在右窗格的"常规"栏中单击"信任区域"按钮，如图 6-7 所示。

（2）在打开的"信任区域"窗口中，单击"排除码"选项卡，单击"添加"按钮，打开"排除码"对话框。在"属性"框中选中"对象"复选框，然后单击"规则描述"框中的"指定"链接，如图 6-8 所示。

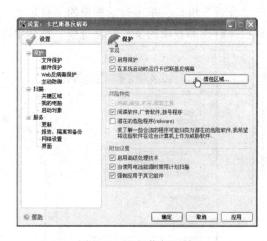

图 6-7　设置信任区域

图 6-8　指定对象名称

（3）打开"对象名称"对话框，单击"浏览"按钮，指定添加到信任区域中的文件或文件夹，然后单击"确定"按钮，返回"排除码"对话框，如图 6-9 所示。用同样的方法，可以添加其他对象。

（4）单击"确定"按钮，返回"信任区域"窗口，如图 6-10 所示。选中某个对象，单击"编辑"按钮，可对选中对象重新编辑；单击"删除"按钮，可以将其删除。

图 6-9　已指定的对象名称

图 6-10　添加完成的对象

（5）信任区域设置完成后，单击"确定"按钮返回。

### 3．设置软件实时更新的周期

（1）打开"设置"窗口，在"设置"列表框中选择"更新"命令，在"运行模式"栏中选择"每 1 天"单选按钮，然后单击"更改"单选按钮，如图 6-11 所示。

（2）打开"计划：更新"对话框，在"频率"下拉列表框中选择"每天"选项；在"计划设置"栏中，选择第 1 项，然后使用文本框的微调按钮，调整为"2"天；选中"时间"复选框，然后调整时间为"12:00"，单击"确定"按钮返回，如图 6-12 所示。

（3）在"设置"窗口中，单击"确定"按钮，完成更新设置。

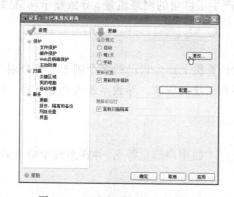

图 6-11　更改更新的运行模式

图 6-12　设置更新的参数

🔔温馨提示：卡巴斯基程序正在更新软件时，其系统提示区内的图标变成 。

## 四、蠕虫病毒清除和防治实例

本任务中提到的"熊猫烧香"病毒是一种十分典型的蠕虫病毒，该病毒具有蠕虫病毒的一切特征，例如传播时间短，危害巨大等。

（一）蠕虫病毒的特征

蠕虫病毒是一种常见的计算机病毒。它的传染机理是利用网络进行复制和传播，传染途径是通过网络和电子邮件。该病毒利用了 Windows 操作系统的漏洞，当计算机感染后，会不断自动拨号上网，并利用文件中的地址信息或者网络共享进行传播，最终破坏用户的大部分重要数据。

（二）蠕虫病毒的危害及感染后的主要症状

蠕虫病毒感染后的主要症状除了可执行文件外观上的变换外，系统蓝屏、频繁重启、硬盘数据被破坏等现象均有发生，而且，中毒的机器系统运行异常缓慢，且很多应用软件无法使用，同时该病毒还能终止大量反病毒软件进程，大大降低用户系统的安全性。其主要危害如下：

1. 自我繁殖

蠕虫在本质上已经演变为黑客入侵的自动化工具，当蠕虫被释放后，从搜索漏洞，到利用搜索结果攻击系统，到复制副本，整个流程全由蠕虫自身主动完成。就自主性而言，这一点有别于普通的病毒。

2. 利用软件漏洞

任何计算机系统都存在漏洞，这些蠕虫利用系统的漏洞获得被攻击的计算机系统的相应权限，使之进行复制和传播过程成为可能。软件漏洞是各种各样的，有操作系统本身的问题，也有应用服务程序的问题，有的是网络管理人员的配置问题。正是由于漏洞产生原因的复杂性，导致各种类型的蠕虫泛滥。

3. 造成网络拥塞

在扫描漏洞主机的过程中，蠕虫需要判断其他计算机是否存在；判断特定应用服务是否存在；判断漏洞是否存在等，这不可避免地会产生网络数据流量。同时蠕虫副本在不同机器之间传递，或者向随机目标发出的攻击数据也会产生大量的网络数据流量。即使是不包含破坏系统正常工作的恶意代码的蠕虫，也会因为它产生了巨量的网络流量，导致整个网络瘫痪，造成经济损失。

4. 消耗系统资源

蠕虫入侵到计算机系统之后，会在被感染的计算机上产生自己的多个副本，每个副本启动搜索程序寻找新的攻击目标。大量的进程会耗费系统的资源，导致系统的性能下降。这对网络服务器的影响尤其明显。

5. 留下安全隐患

大部分蠕虫会搜集、扩散、暴露系统敏感信息（如用户信息等），并在系统中留下后门。这些都会导致未来的安全隐患。

（三）蠕虫病毒的防治

蠕虫病毒的一般防治方法是使用具有实时监控功能的杀毒软件，并且注意不要轻易打开不熟悉的邮件附件。

为了较好地防范蠕虫病毒，还要求用户要有良好的上网习惯。

首先，要经常更新系统补丁程序，用于该类型病毒的防范。

其次，迅速升级杀毒软件到最新版本，然后打开个人防火墙，将安全等级设置为中、高级，封堵病毒对该端口的攻击。

另外，如果用户已经被该病毒感染，首先应该立刻断网，手工删除该病毒文件，然后上网下载补丁程序，并升级杀毒软件或者下载专杀工具。

## 五、木马的清除和防治实例

### （一）特洛伊木马的定义

特洛伊木马（Trojan Horse），简称木马，是一种计算机网络病毒，它是隐藏在正常程序中的一段具有特殊功能的恶意代码。它利用自身所具有的植入功能，或依附其他具有传播能力的病毒，进驻目标机器，让攻击者获得远程访问和控制的权限，从而反客为主，在用户的计算机中修改文件、修改注册表、控制鼠标、监视键盘、窃取用户信息，甚至控制系统。

### （二）木马病毒的结构

木马病毒一般分为客户端（Client）和服务器端（Server）两部分，如图 6-13 所示。其中客户端是用于攻击者远程控制植入木马的机器，服务器端则是木马程序的寄宿体。

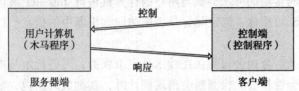

图 6-13　特洛伊木马结构

木马程序驻留在用户的系统中（服务器端）后，木马病毒的制造者就可以通过网络中的其他计算机任意控制服务器端的计算机，并享有服务器端的大部分操作权限，利用客户端向服务器发出请求，服务器端收到请求后会根据请求执行相应的动作。

### （三）系统中木马后的主要症状

响应命令速度的下降。例如，有时没有对计算机进行操作，而硬盘灯闪个不停，这说明黑客有可能正通过木马在用户的计算机上上传或下载文件；有的症状比较明显，例如，在浏览网页时，网页会自动关闭，软驱和光驱会在无盘的情况下读个不停，文件被移动，计算机被关闭重启，甚至有人和用户匿名聊天。

### （四）木马的防治方法

通过以下措施，能有效地防范木马病毒的攻击。

**1. 关闭不用的端口**

默认情况下 Windows 有很多端口是开放的，为了安全考虑应该封闭这些端口。例如 137端口、138 端口、139 端口、445 端口都是为共享而开的，是 NetBIOS 协议的应用，用户应该禁止别人共享计算机，所以要把这些端口全部关闭。

**2. 安装杀毒软件**

安装杀毒软件（瑞星、江民、诺顿等）及其病毒库，并及时给系统打上安全补丁。上网时要注意，木马无处不在。不要随意下载来历不明的文件，应到官方网站下载使用的升级程序；不要接收陌生人的邮件，不要轻易打开附件，更不要执行附件中的可执行程序，注意病毒程序伪装的图标，不要轻信图标为电子表格、文本文件、文件夹的附件。

**3. 使用反木马软件**

使用专门的反木马软件，及时升级软件和病毒库，这是最简单的查杀木马的方法。目前反木马软件数量众多，著名的有 360 木马专杀工具、诺顿安全特警、木马克星、Trojan Hunter、

Anti-Trojan Shield、TheCleaner Professional、木马清除大师和 Ewido 等。

### 4. 使用第三方防火墙

Windows XP 自带的防火墙和 ADSL Modem 的 NAT 机制，只能防止由外到内的连接，不能阻挡由内到外的连接，因此这类防火墙不能阻挡反弹型木马。防范反弹型木马，最好的方法是安装使用第三方防火墙。因为一般的防火墙都可以设置应用程序访问网络的权限，用户可以把怀疑为木马的程序设置为不允许访问网络，这样就能阻挡木马从内到外的连接。建议安装使用诺顿等著名的防火墙软件。

### 5. 在线安全检测

按照上面的方法查杀木马后，如果仍不放心，可以在网上找个安全的测试网站，对系统当前安全情况进行检查，不过在线检测前，要先关闭防火墙。目前，这类测试网站都是免费的，主要有：

（1）诺顿在线安全检测。诺顿的风险评估是非常及时和全面的。该网站提供了活动的木马程序扫描，利用木马常用的方法尝试与用户的计算机进行 Internet 通信；他还可以扫描你的网络漏洞、NetBIOS 可用性，确定黑客是否能访问你机器中的信息。扫描完成后，会显示详细的分析结果。

（2）金山木马专杀。金山公司提供在线木马专杀服务，可进行木马检测、端口扫描、信息泄露检查、系统安全性检查。检测时会出现倒计时，在倒数时间内，如果用户的计算机出现蓝屏死机，则表示计算机不安全，用户可以下载该网站提供的网络安全软件，来修补目前的安全漏洞。

### （五）木马专杀工具简介

#### 1. 机器狗/磁碟机/AV 终结者专杀工具

该工具可以清除机器狗/AV 终结者/8749 病毒、修复映像劫持、修复 Autorun.inf、修复安全模式。使用该专杀工具查杀后，最好再使用金山在线杀毒进行一次全面杀毒。

#### 2. 金山 AUTO 木马群专杀工具

该工具可以清除 AUTO 木马群、修复映像劫持、修复 Appinit_Dlls、清除 msosXXX 病毒。使用该专杀工具查杀后，最好再使用金山毒霸进行一次全面杀毒。

#### 3. AV 终结者木马专杀

AV 终结者不但可以劫持大量杀毒软件以及安全工具，而且还可禁止 Windows 的自更新和系统自带的防火墙，大大降低了用户系统的安全性，这也是近几年来对用户的系统安全破坏程度最大的问题之一。把该工具下载到本地后双击运行即可。

该专杀还可以处理流氓软件 8749 造成的威胁。此恶意软件会将用户的 Internet Explorer 首页强制设置为 8749，同时可能破坏用户的操作系统及杀毒软件。

#### 4. 征途木马病毒专杀工具

征途木马是盗取网络游戏征途游戏信息的木马，它能把得到的用户信息通过邮件发送到木马种植者的邮箱中。该免费专杀工具能查杀 967 个征途木马。

#### 5. 使用 360 安全卫士专杀木马

在这里将介绍 360 安全卫士的木马专杀功能。

定期进行木马查杀可以有效保护各种系统账户安全。在这里用户可以进行系统区域位置快速扫描、全盘完整扫描、自定义区域扫描。选择用户需要的扫描方式，单击"开始扫描"

按钮即开始按照读者所选择的方式进行扫描，如图 6-14 所示。

图 6-14　利用 360 安全卫士查杀流行木马

## 任务实施

### 一、任务场景

李明在为公司职员购买计算机以后，考虑到今后经常上网和使用 U 盘等进行资料的传送，为了避免受到网络攻击和病毒的感染，计算机买回来后，立即着手为其安装计算机的安全防护软件并进行安全设置。

### 二、实施过程

#### （一）定时更新安装系统补丁

系统漏洞这里是特指用户的 Windows 操作系统在逻辑设计上的缺陷或在编写时产生的错误。

Windows 操作系统存在各种漏洞且不断有新漏洞被发现，这些漏洞可能被病毒或黑客入侵造成损失。微软公司每月中旬推出新补丁，用户应该定时更新。更新方式主要有以下两种：

#### 1. 使用系统自动更新方式

（1）选择"开始"→"控制面板"命令，单击 WindowsUpdate 链接，或打开 IE 浏览器窗口，在"工具"菜单中选择 WindowsUpdate 命令，如图 6-15 和图 6-16 所示。

图 6-15　自动更新

图 6-16　IE 浏览器自动更新

（2）按照页面提示安装即可。

### 2. 使用工具软件"360 安全卫士"

"360 安全卫士"是一款非常优秀的计算机安全软件，该软件拥有查杀恶意软件、插件管理、病毒查杀、诊断和修复、漏洞修复以及数据保护等多个强劲功能，同时还提供弹出插件免疫、清理使用痕迹以及系统还原等特定辅助功能，并且提供对系统的全面诊断报告，方便用户及时定位问题所在，真正为每一位用户提供全方位的系统安全保护。下面介绍"360 安全卫士"的几大主要功能。

1）电脑体检

体检功能可以全面地检查计算机的各项状况。体检完成后会提交一份优化计算机的意见，用户可以根据您的需要对计算机进行优化，也可以便捷地选择一键优化。"电脑体验"页面如图 6-17 所示。

2）查杀木马

木马查杀功能可以找出计算机中疑似木马的程序并在取得用户允许的情况下删除这些程序。"查杀木马"页面如图 6-18 所示。

图 6-17　"电脑体检"页面

图 6-18　"查杀木马"页面

3）清理插件

插件是一种遵循一定规范的应用程序接口编写出来的程序。很多软件都有插件，例如在 IE 中，安装相关的插件后，WEB 浏览器能够直接调用插件程序，用于处理特定类型的文件。过多的插件会拖慢你的计算机的速度。清理插件功能会检查计算机中安装了哪些插件，用户可以根据网友对插件的评分以及自己的需要来选择清理哪些插件，保留哪些插件。"清理插件"页面如图 6-19 所示。

4）修复漏洞

系统漏洞可以被不法者或者黑客利用，通过植入木马、病毒等方式来攻击或控制整个电脑，从而窃取您计算机中的重要资料和信息，甚至破坏系统。"修复漏洞"页面如图 6-20 所示。

图 6-19　"清理插件"页面

图 6-20　"修复漏洞"页面

5）系统修复

系统修复可以检查计算机中多个关键位置是否处于正常的状态。

当用户遇到浏览器主页、开始菜单、桌面图标、文件夹、系统设置等出现异常时，使用系统修复功能，可以帮用户找出问题出现的原因并修复问题。"系统修复"页面如图 6-21 所示。

6）电脑清理

垃圾文件，指系统工作时所过滤加载出的剩余数据文件，虽然每个垃圾文件所占系统资源并不多，但是当一定时间没有清理时，垃圾文件会越来越多。

垃圾文件长时间堆积会拖慢计算机的运行速度和上网速度，浪费硬盘空间。"电脑清理"页面如图 6-22 所示。

图 6-21 "系统修复"页面

图 6-22 "电脑清理"页面

7）优化加速

帮助您全面优化系统，提升计算机速度，更有专业贴心的人工服务。"优化加速"页面如图 6-23 所示。

图 6-23 "优化加速"页面

（二）安装防火墙

杀毒软件只能查杀病毒和监视读入内存的病毒，它并不能监视连接到因特网的计算机是否受到网络上其他计算机的攻击，因此需要一种专门监视网络的工具来监测、限制网络中传输的数据流，这种工具就是防火墙。防火墙分为硬件防火墙和软件防火墙，一般所说的都是软件防火墙，而硬件防火墙具有更高的安全性。

项目二 计算机维护

常见的网络防火墙有诺顿防火墙、金山网镖、瑞星防火墙、天网防火墙、江民黑客防火墙、蓝盾防火墙等，Windows XP 也自带有防火墙。

### 1. Windows 系统防火墙的使用

对于 Windows XP 系统来说，系统本身就有防火墙，它集成在系统的"安全中心"中。启动安全中心的方法是：在"控制面板"窗口中双击"安全中心"图标，即可打开"Windows 安全中心"对话框，用来管理"防火墙""自动更新"和"病毒防护"的设置。

单击"Windows 防火墙"图标，即可打开"Windows 防火墙"对话框，如图 6-24 所示。

### 2. 专用防火墙软件的使用

天网防火墙个人版（简称为天网防火墙）是由天网安全实验室研发制作给个人计算机使用的网络安全工具。它根据系统管理者设定的安全规则（Security Rules）把守网络，提供强大的访问控制、应用选通、信息过滤等功能。它可以帮用户抵挡网络入侵和攻击，防止信息泄露，保障用户机器的网络安全。天网防火墙把网络分为本地网和互联网，可以针对来自不同网络的信息，设置不同的安全方案，它适用于任何方式连接上网的个人用户，如图 6-25 所示。

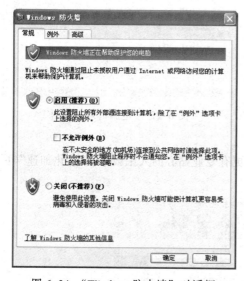

图 6-24　"Windows 防火墙"对话框

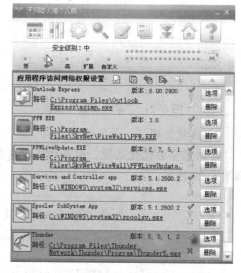

图 6-25　"天网防火墙"对话框

### （三）安装使用防病毒软件并定时升级

下面以 360 杀毒软件为例，简单介绍其使用方法。

360 杀毒是完全免费的杀毒软件，它创新性地整合了五大领先防杀引擎，包括国际知名的 BitDefender 病毒查杀引擎、小红伞病毒查杀引擎、360 云查杀引擎、360 主动防御引擎、360 QVM 人工智能引擎。五个引擎智能调度，为用户提供全时全面的病毒防护，不但查杀能力出色，而且能第一时间防御新出现的病毒木马。

（1）双击 360 杀毒软件的图标，启动已经安装配置好的该款软件，如图 6-26 所示。

（2）单击右下角的提示处，用户可以切换到专业模式进行更多的操作，如图 6-27 所示。

（3）使用全盘扫描，查找病毒，如图 6-28 所示。

（4）及时升级病毒库，使得计算机获得最佳防护，如图 6-29 所示。

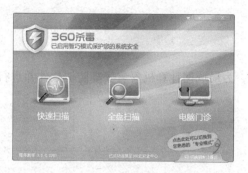

图 6-26 "360 杀毒" 主界面

图 6-27 "病毒查杀" 页面

图 6-28 "全盘扫描" 页面

图 6-29 "产品升级" 页面

## 任务小结

通过完成本次任务，读者应掌握计算机病毒查杀与系统安全维护。

（1）了解计算机病毒的概念、特征、分类与发展。

（2）掌握蠕虫病毒的特征、分类、感染症状和处理方法。

（3）掌握木马的危害并掌握木马程序的清除。

（4）了解常用杀毒工具的使用方法和技巧。

# 项目拓展实训

## 一、实训名称

局域网计算机的安全防护

## 二、实训目的

（1）了解计算机病毒的概念、分类、特征与发展。

（2）熟悉计算机安全防护的措施。

（3）掌握计算机安全防护软件的安装及使用方法。

（4）实现计算机的安全防护。

## 三、实训条件

（1）计算机。

（2）网络杀毒软件及防火墙软件。

## 四、实训内容

为了避免以后受到网络攻击和病毒的感染，为局域网计算机安装安全防护软件并进行安全设置。

## 五、实训要求

（1）安装计算机安全防护软件。

（2）查杀计算机病毒。

（3）对计算机及安全防护软件进行安全设置。

# 任务七　系统备份与还原

### 任务提出

公司财务小王某天启动计算机后，怎么也进入不了 Windows XP 系统，计算机出现蓝屏状态，提示文件丢失。小王的计算机上装有大量的财务专用软件，正赶上业务工作繁忙，现在没办法使用，对工作影响重大。小王焦急地说要是回到昨天计算机正常的状态就好了。

### 任务分析

当系统文件丢失，操作系统软件本身受到破坏，计算机就无法正常使用，往往被告知需重装系统来解决这个问题，可是重装系统后，还需要安装大量的应用软件和专业软件，费时费力，所以很多人都想回到系统正常的情况下，那么真有"时光机器"能回到过去吗？如果有的话，怎么才能回去呢？其实这就是系统的备份与还原问题。用户需要掌握如下知识点：

（1）计算机的安全模式。

（2）系统恢复的各项工具和软件的作用。

（3）Windows XP 中的系统还原与备份。

（4）Ghost 软件的使用。

（5）系统运行出现问题的快速恢复。

### 相关知识

## 一、计算机的安全模式

### （一）安全模式概述

安全模式是一个 Windows 疑难解答选项，其工作原理是在不加载第三方设备驱动程序的情况下启动计算机，使计算机运行在系统最小模式，这样用户就可以方便地检测与修复计算机系统的错误。如若进入安全模式，监视器的各角将显示"安全模式"字样，如图 7-1 所示。

### （二）安全模式进入

要进入安全模式，只要在启动时按【F8】键，进入 Windows 高级选项菜单，如图 7-2

所示，再用键盘上的上下光标键进行选择即可进入不同的启动模式。高级选项菜单包括以下几种：

### 1. 安全模式

只使用基本文件和驱动程序。如鼠标（USB 串行鼠标除外）、监视器、键盘、硬盘、基本视频、默认系统服务等，但无网络连接。

如果采用安全模式也不能成功启动计算机，则可能需要使用恢复控制台功能来修复系统。

图 7-1　安全模式

图 7-2　高级选项菜单

### 2. 带网络连接的安全模式

该模式在普通安全模式的基础上增加了网络连接。但有些网络程序可能无法正常运行，如 MSN 等，还有很多自启动的应用程序不会自动加载，如防火墙、杀毒软件等。所以在这种模式下一定不要忘记手动加载，否则恶意程序等可能会在用户修复计算机的过程中入侵。

### 3. 带命令行提示符的安全模式

只使用基本的文件和驱动程序来启动，在登录之后，屏幕上显示命令提示符，而非 Windows 图形界面。

说明：在这种模式下，如果你不小心关闭了命令提示符窗口，屏幕会全黑。可按下组合键【Ctrl+Alt+Del】，调出"任务管理器"，单击"新任务"按钮，再在弹出对话框的"打开"文本框中输入"C:\windows\explorer.exe"，可马上启动 Windows XP 的图形界面，与上述三种安全模式下的界面完全相同。如果输入"C:\windows\system32\cmd"也能再次打开命令提示符窗口。事实上，在其他的安全模式甚至正常启动时也可通过这种方法来启动命令提示符窗口。

### 4. 启用启动日志

以普通的安全模式启动，同时将由系统加载（或没有加载）的所有驱动程序和服务记录到一个文本文件中。该文件称为 ntbtlog.txt，它位于%windir%（默认为 C:\windows\）目录中。启动日志对于确定系统启动问题的准确原因很有用。

### 5. 启用 VGA 模式

利用基本 VGA 驱动程序启动。当安装了使 Windows 不能正常启动的新视频卡驱动程序时，这种模式十分有用。事实上，不管以哪种形式的安全模式启动，它总是使用基本的视频驱动程序。因此，在这些模式下，屏幕的分辨率为 640×480 且不能改动，但可重新安装驱动程序。

**6. 最后一次正确的配置**

使用 Windows 上一次关闭时所保存的注册表信息和驱动程序来启动。最后一次成功启动以来所作的任何更改将丢失。因此一般只在配置错误（主要是软件配置）的情况下，才使用最后一次正确的配置。但是它不能解决由于驱动程序或文件被损坏或丢失所导致的问题。

**7. 目录服务恢复模式**

这是针对服务器操作系统的模式，并只用于恢复域控制器上的 SYSVOL 目录和 Active Directory 目录服务。

**8. 调试模式**

启动时通过串行电缆将调试信息发送到另一台计算机。

如果正在或已经使用远程安装服务在用户的计算机上安装 Windows，则用户可以看到与使用远程安装服务还原或恢复系统相关的附加选项。

**（三）安全模式的作用**

**1. 删除顽固文件**

在 Windows 下删除一些文件或清除资源回收站内容时，系统有时会提示"某某文件正在使用中，无法删除"的字样，如果这些文件并不在使用中，此时可试着重新启动计算机并在启动时进入安全模式。进入安全模式后，Windows 会自动释放这些文件的控制权，便可以将它们删除。

**2. 安全模式还原**

如果计算机不能正常启动，可以使用"安全模式"或者其他启动选项来启动计算机，在计算机启动时按【F8】键，在启动模式菜单中选择安全模式，然后按下面方法进行系统还原：选择"开始"→"所有程序"→"附件"→"系统工具"→"系统还原"命令，打开系统还原向导，然后选择"恢复我的计算机到一个较早的时间"选项，单击"下一步"按钮，在日历上单击黑体字显示的日期选择系统还原点，单击"下一步"按钮即可进行系统还原。

**3. 查杀病毒**

现在病毒一天比一天多，杀毒软件也天天更新。但是，在 Windows 下杀毒用户未免有些不放心，因为它们极有可能会交叉感染。而一些杀毒程序又无法在 DOS 下运行，这时也可以把系统启动至安全模式，使 Windows 只加载最基本的驱动程序，这样杀起病毒来就更彻底、更干净了。

**4. 解除组策略锁定**

Windows 中组策略限制是通过加载注册表特定键值来实现的，而在安全模式下并不会加载这个限制。重启后按【F8】键，在打开的多重启动菜单窗口，选择"带命令提示符的安全模式"。进入桌面后，在启动的命令提示符下输入"%windir%\System32\*.exe(*.exe 是指用户要启动的程序)"，启动控制台，再按照如上操作即可解除限制，最后重启正常登录系统即可解锁。

💡温馨提示：组策略的很多限制在安全模式下都无法生效，如果碰到无法解除的限制，不妨进入安全模式寻找解决办法。

**5. 修复系统故障**

如果 Windows 运行起来不太稳定或者无法正常启动，这时先不要重装系统，试着重新启动计算机并切换到安全模式启动，之后再重新启动计算机，系统是否已经恢复正常？如果是由于注册表有问题而引起的系统故障，此方法非常有效，因为 Windows 在安全模式下启动时可以自动修复注册表问题，在安全模式下启动 Windows 成功后，一般就可以在正常模式（Normal）下启动。

某些情况下，禁用管理员账户可能造成维护上的困难。例如，在域环境中，当用于建立连接的安全信道由于某种原因失败时，如果没有其他的本地管理员账户，则必须以安全模式重新启动计算机来修复致使连接状态中断的问题。

如果试图重新启用已禁用的管理员账户，但当前的管理员密码不符合密码要求，则无法重新启用该账户。这种情况下，该管理员组的可选成员必须通过"本地用户和组"用户界面来设置该管理员账户的密码。

### 6. 恢复系统设置

如果用户是在安装了新的软件或者更改了某些设置后，导致系统无法正常启动，也需要进入安全模式下解决，如果是安装了新软件引起的，请在安全模式中卸载该软件，如果是更改了某些设置，比如显示分辨率设置超出显示器显示范围，导致黑屏，那么进入安全模式后就可以改变回来，还有把带有密码的屏幕保护程序放在"启动"菜单中，忘记密码后，导致无法正常操作该计算机，也可以进入安全模式更改。

### 7. 揪出恶意的自启动程序或服务

如果计算机出现一些莫名其妙的错误，比如上不了网，按常规思路又查不出问题，可启动到带网络连接的安全模式下看看，如果在安全模式能连接网络，则说明是某些自启动程序或服务影响了网络的正常连接。

### 8. 检测不兼容的硬件

Windows XP 由于采用了数字签名式的驱动程序模式，对各种硬件的检测也比以往严格，所以一些设备可能在正常状态下不能驱动使用。例如一些早期的 CABLE MODEM，如果用户发现在正常模式下 Windows XP 不能识别硬件，可以在启动的时候按【F8】键，然后选进入安全模式，在安全模式里检测新硬件，就有可能正确地为 CABLE MODEM 加载驱动。

### 9. 卸载不正确的驱动程序

一般的驱动程序，如果不适用硬件，可以通过 Windows XP 的驱动还原来卸载。但是显卡和硬盘 IDE 驱动如果装错了，有可能一进入图形界面就死机，一些主板的补丁程序也是如此。因为 Windows 是要随时读取内存与磁盘页面文件调整计算机状态的，所以硬盘驱动一有问题马上系统就崩溃。此时可以在安全模式中卸载这些驱动程序，系统重启后即可恢复正常。

## 二、Windows XP 中的系统还原与备份

在 Windows XP 操作系统中，可以实现系统备份与恢复工作的软件主要有两种，一种是备份整个逻辑分区乃至整个硬盘的数据，在需要时对整个分区或整个硬盘进行恢复，也就是所谓的"磁盘克隆工具"。另一种是可以记录用户在操作过程中对系统文件的更改，监视用户对磁盘的读/写操作，在必要时充当一种"后悔药"的角色，让用户将系统恢复到某个特定时间前的状态，即系统还原工具。

这两种软件的工作方式不同，适用的范围和局限性也有不同，各有其优点和缺点，不过，如果能同时使用这两种软件的话，将会获得最好的效果。当然，用户也需要为此付出"代价"，那就是提供更多的系统资源和更多的存储空间。

（一）系统备份与还原

下面利用 Windows XP 自带的备份、恢复工具创建系统还原点，并利用还原点进行系统恢复。

1. 创建还原点

使用系统还原的第一步是创建系统还原点，为了确保系统还原功能的有效性，安装 WindowsXP 系统分区不能关闭系统还原功能，但可以调整用于系统还原的磁盘空间。

（1）选择"开始"→"所有程序"→"附件"→"系统工具"→"系统还原"命令，就会弹出如图 7-3 所示的"系统还原"向导对话框。

（2）单击对话框中的"系统还原设置"链接，打开"系统属性"对话框，然后单击"系统还原"选项卡，如图 7-4 所示。

图 7-3 "系统还原"向导对话框

图 7-4 "系统还原"选项卡

（3）确保"在所有驱动器上关闭系统还原"复选框不被选中，再确定"可用的驱动器"下的 Windows XP 分区状态是否为"监视"，然后选择当前系统所在的驱动器（这里为驱动器 C），单击"设置"按钮打开"驱动器（C:）设置"对话框，如图 7-5 所示。

（4）根据分区剩余磁盘空间情况拖动滑块确定"要使用的磁盘空间"大小。

🔔 温馨提示：非系统分区一般情况下是不需要启动系统还原功能，为了节约磁盘空间，可以选中"关闭这个驱动器上的'系统还原'"复选框。

（5）创建还原点。单击"系统还原向导"对话框中的"下一步"按钮。然后在"还原点描述"文本框中输入说明信息，单击"创建"按钮进行还原点的创建，如图 7-6 所示。

图 7-5 "驱动器（C:）设置"对话框

图 7-6 输入还原点说明信息

（6）创建完成后，会弹出如图 7-7 所示的对话框。

🔔温馨提示：由于 Windows XP 安装驱动程序等软件的同时会自动创建还原点，所以安装软件之后是否创建还原点要视实际情况而定。特别是在安装不太稳定的共享软件之前，为了防止万一，还是先创建还原点比较稳妥。在创建系统还原点时务必确保有足够的磁盘可用空间，否则会导致创建失败。

## 2. 使用还原点恢复

一旦 Windows XP 出现了故障，但仍可以正常模式启动，可以利用先前创建的还原点对系统进行恢复。

（1）按照前面的方法打开打开"系统还原"向导对话框，然后选择"恢复我的计算机到一个较早的时间"选项，单击"下一步"按钮，在日历上单击黑体字显示的日期选择系统还原点，如图 7-8 所示。

图 7-7　完成创建还原点

图 7-8　选择还原点

（2）单击"下一步"按钮即可进行系统还原。还原结束后，系统会自动重新启动，所以执行还原操作时不要运行其他程序，以防文件丢失或还原失败。

### （二）数据的备份与还原

利用 WindowsXP 提供的系统工具还可以进行数据的备份，方法如下：

（1）单击"开始"→"所有程序"→"附件"→"系统工具"→"备份"命令，就会弹出如图 7-9 所示的"备份或还原向导"对话框，备份可以采用这种向导模式逐步进行，单击对话框中的"高级模式"链接，打开"备份工具"窗口，如图 7-10 所示。

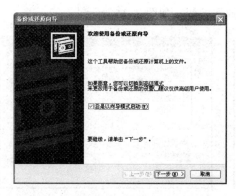

图 7-9　"备份或还原向导"对话框

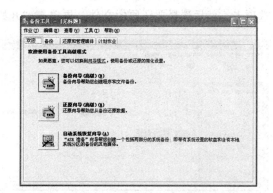

图 7-10　"备份工具"窗口

（2）单击对话框中的"备份"选项卡，在选项卡中选择要备份的文件、文件夹或磁盘，并选择备份文件保存的路径。这里选择备份"我的文档"，保存路径为 E 盘，备份文件名为 Backup.bkf，如图 7-11 所示。

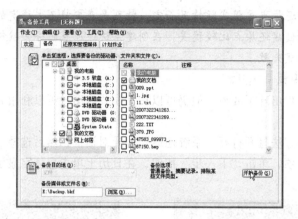

图 7-11　选择要备份的文件及保存路径

（3）单击"开始备份"按钮，就会弹出如图 7-12 所示的"备份作业信息"对话框。下单击 "开始备份"按钮，会弹出如图 7-13 所示的"备份进度"对话框，文件开始备份。

图 7-12　"备份作业信息"对话框

图 7-13　文件开始备份

（4）备份完成后，在 E 盘就会生成一个 Backup.bkf 备份文件，如图 7-14 所示。

（5）如果要还原备份的数据，就可以单击"备份工具"对话框中的"还原和管理媒体" 选项卡，然后选择要还原的文件，再单击"开始还原"按钮，如图 7-15 所示。

图 7-14　备份后的文件

图 7-15　选择要还原的文件

（6）下面会弹出如图 7-16 所示的"确认还原"对话框，单击"确定"按钮，就会弹出"还原进度"对话框，显示文件还原过程，如图 7-17 所示。这样文件还原就完成了。

图 7-16 "确认还原"对话框

图 7-17 "还原进度"对话框

## 三、用 Ghost 备份与恢复系统

Ghost（幽灵）软件是美国 Symantec（赛门铁克）公司推出的一款出色的硬盘备份还原工具，俗称克隆软件，它可以把一个磁盘上的全部内容复制到另一个磁盘上，也可以把磁盘内容复制为另一个磁盘的镜像文件，当计算机出现问题或者系统损坏时，可以用镜像文件创建一个原始磁盘的副本。该工具可以最大限度地减少用户每次安装系统的时间。

Ghost 能在 DOS 下运行，并且可以从一张 DOS 引导盘上运行。支持从 NFTS 中恢复镜像文件。Ghost.exe 只可以在 DOS 下运行，而 Ghost32.exe 能在 Windows 2000/Windows XP 下运行。

下面以 Symantec Ghost 11.0 为例，主要介绍在 Windows XP 操作系统下使用 Ghost 实现备份系统、恢复系统等操作。

（一）备份系统

（1）在 Symantec Ghost 的安装文件下，双击 Ghost32 图标 ，启动 Symantec Ghost。出现 SymantecGhost 11.0 的版权信息，单击 OK 按钮。

（2）进入 Ghost 操作界面，出现 Ghost 菜单，主菜单共有 4 项，从下至上分别为：Quit（退出）、Options（选项）、Peer to Peer（点对点，主要用于网络中）、Local（本地）。一般情况下只用到 Local 菜单，其下有三个子菜单：Disk（硬盘备份与还原）、Partition（磁盘分区备份与还原）、Check（硬盘检测），用得最多的是前两项功能。在界面左下方的主菜单中，选择 Local→Partition→To Image 命令，表示将硬盘分区中的所有数据保存到映像文件，如图 7-18 所示。

（3）弹出 Select Local Source driver by click on the drive number 对话框，选择需要备份的分区所在的硬盘，单击 OK 按钮，如图 7-19 所示。

（4）弹出 Select source partition(s) from Basic drive 对话框，选择要进行系统备份的分区，单击 OK 按钮，如图 7-20 所示。

温馨提示：Ghost 可以备份任何分区，但是一般来说，用户用得最多的是备份操作系统所在分区，即常说的 C 盘。

（5）弹出 File name to copy image to 对话框，在 File name 文本框中输入文件名 baksys，在 Look in 下拉列表框中选择镜像文件存放的位置，单击 Save 按钮，如图 7-21 所示。

温馨提示：image 指的是镜像文件，扩展名为".gho"，这里实际上是选择系统备份文件"baksys.gho"的具体存放位置，考虑到磁盘空间的问题，在做备份之前，务必确定好备份文件存放位置的正确性。

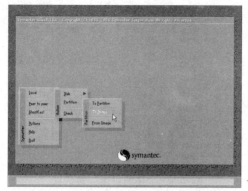

图 7-18　将硬盘分区数据保存为镜像文件

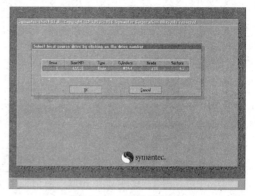

图 7-19　选择源硬盘

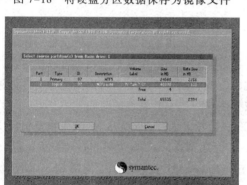

图 7-20　选择源硬盘分区

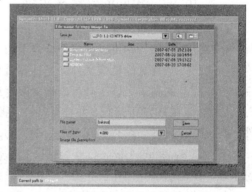

图 7-21　指定镜像文件的文件名和存放位置

（6）弹出"Compress Image"对话框，询问是否需要对镜像文件进行压缩，单击 High 按钮，采用高压缩率压缩镜像文件，如图 7-22 所示。

温馨提示：No 表示镜像文件不压缩；Fast 表示快速压缩，其压缩率比 High 小，但压缩速度快；High 压缩率最大。

（7）弹出 Question 对话框，询问是否进行备份操作，单击【Yes】按钮开始备份，如图 7-23 所示。

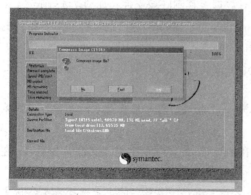

图 7-22　选择镜像文件压缩方式

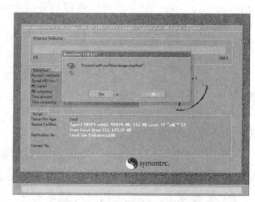

图 7-23　确定进行备份操作

（8）系统开始备份，界面如图7-24所示。备份完成后，根据提示返回主界面。

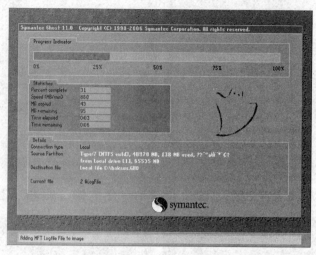

图7-24　备份系统过程

## （二）恢复系统

（1）启动 Ghost，在主界面左下方的主菜单中选择 Local→Partition→From 命令，即可用备份的镜像文件恢复分区，如图7-25所示。

（2）弹出 Image file name to restore from 对话框，选择已经创建的备份镜像文件，单击 Open 按钮，如图7-26所示。

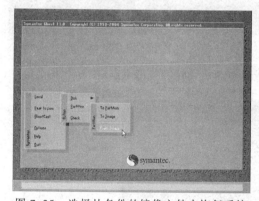

图7-25　选择从备份的镜像文件中恢复系统

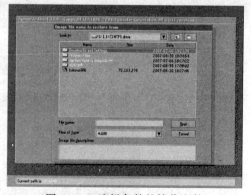

图7-26　选择备份的镜像文件

（3）弹出 Select source partition from image file 对话框，选择源分区，单击 OK 按钮，如图7-27所示。

（4）弹出 Select local destination drive by clicking on the drive number 对话框，选择需要恢复的分区所在的硬盘，即系统所在的硬盘，单击 OK 按钮，如图7-28所示。

（5）弹出 Select destination partition from Basic drive 对话框，选择需要恢复的分区，单击 OK 按钮，如图7-29所示。

🔔 **温馨提示**：选择目标分区时一定要注意选对，否则目标分区原来的数据将全部消失。

（6）弹出 Question 对话框，要求确认。如果进行恢复，该分区的数据将会被覆盖。单击 Yes 按钮，如图7-30所示。

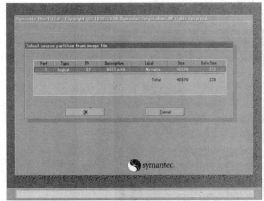

图 7-27　选择源分区　　　　　　　图 7-28　选择需要恢复的硬盘

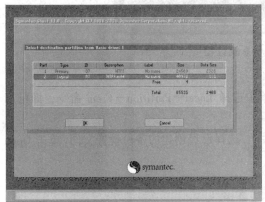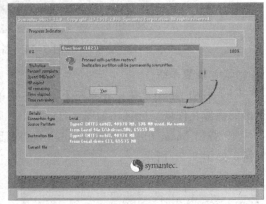

图 7-29　选择需要恢复的分区　　　　　　图 7-30　确认恢复

（7）图 7-31 所示为恢复过程界面，恢复完成后重新启动计算机即可。

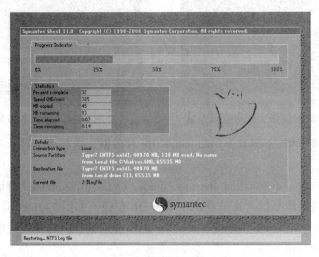

图 7-31　恢复进程

**任务实施**

## 一、任务场景

李明在为公司职员购买计算机后，考虑到同事对计算机的维护并不熟悉，担心在使用计算机的过程中出现系统瘫痪的故障，所以在为大家安装好常用软件并进行系统优化设置后，即将开始做计算机的系统备份，以备不时之需。

## 二、实施过程

**（一）使用 Ghost 制作系统备份**

（1）开机从光盘引导，使用工具光盘上的 Ghost.exe，进入 Ghost 操作界面。

（2）按照系统备份的操作，将操作系统所在分区（C 盘）备份到"E:\"。

（3）完成以后，开机查看"E:\"下是否有正确的镜像文件。

**（二）使用 Ghost 进行系统还原**

（1）为了查看系统还原的效果，可先对原有系统进行破坏。

（2）删除"C:\ntldr"0 文件，该文件是系统隐藏文件，如图 7-32 所示，如果找不到，可双击"我的电脑"图标，在打开的窗口中选择"工具"→"文件夹选项"→"查看"命令，不要勾选"隐藏受保护的操作系统文件"复选框，以及选中"显示所有文件和文件夹"复选框即可，如图 7-33 所示。

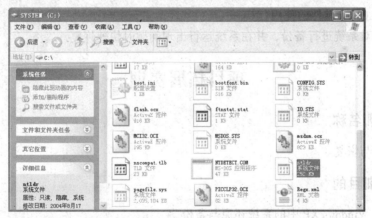

图 7-32　ntldr 文件

（3）重启后，发现计算机进不了操作系统，出现如图 7-34 所示画面。

温馨提示：ntldr 文件是 WindowsNT/2000/XP/2003 的引导文件，当此文件丢失时启动系统会提示"NTLDR is missing..."并要求按任意键重新启动，不能正确进入系统。此文件容易被杀毒软件误删除。

（1）选择 Ghost 进行系统还原，修复系统。

（2）重启计算机从光盘引导，使用工具光盘上的 Ghost.exe，进入 Ghost 操作界面。

（3）按照系统还原的操作，将"E:\"上的备份文件还原到操作系统所在分区（C 盘）。

（4）完成以后，开机查看系统是否通过恢复还原。

项目 二 计算机维护

125

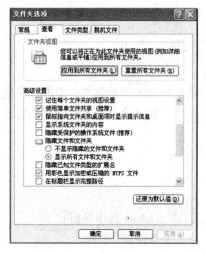

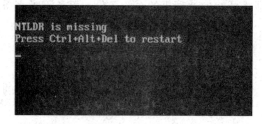

图 7-33　显示隐藏文件　　　　　　　图 7-34　NTLDR 丢失后的开机画面

126

🐛**任务小结**

通过完成本次任务，读者应掌握系统备份与还原：

（1）了解计算机的安全模式。

（2）了解系统恢复的各项工具和软件的作用。

（3）掌握 Windows XP 中的系统还原与备份。

（4）掌握 Ghost 软件的使用。

（5）能够对系统进行备份，并在系统运行出现问题时快速恢复。

# 项目拓展实训

## 一、实训名称

全盘备份与恢复。

## 二、实训目的

（1）掌握 Windows XP 中的系统还原与备份。

（2）掌握 Ghost 软件的全盘备份。

（3）能够对全盘进行备份，并在系统运行出现问题时快速恢复。

## 三、实训条件

（1）计算机。

（2）Ghost 软件。

（3）第二块硬盘。

## 四、实训内容

为了避免受到各种原因造成的文件丢失及系统崩溃，为计算机进行全盘备份及恢复。

## 五、实训要求

（1）对计算机进行全盘备份。
（2）对计算机进行系统还原。

# 任务八　使用 Windows PE 诊断和修复系统

## 任务提出

公司小林某天打开计算机后，不能启动 Windows XP 系统，计算机出现提示 NTLDR 文件丢失。然后想到自己计算机上有一键还原，可以通过它快速恢复系统。可在 C 盘上的重要的数据库文件将会丢失，必须挽救数据库文件后才能使用一键还原，那么有什么办法在系统崩溃后，还能挽救 C 盘上的文件呢？

## 任务分析

如果在 BIOS 中的【BOOT】选项选择从硬盘启动系统，引导程序将加载硬盘的操作系统文件到内存，但如果丢失了系统文件，很有可能造成系统不能正常启动，这时要访问硬盘，就要利用 DOS 系统，可是 DOS 的操作命令不容易操作，有没有方便点的办法呢？此时需要掌握如下知识：

（1）Windows PE 概念及作用。
（2）分析故障原因，合理使用 Windows PE 维护系统。

## 相关知识

### 一、Windows PE

#### （一）Windows PE 概述

Windows PreInstallation Environment（Windows PE），Windows 预安装环境，是基于在保护模式下运行的 Windows XP 个人版内核，是一个只拥有较少（但是非常核心）服务的 Win32 子系统。它可以用于启动无操作系统的计算机，对硬盘驱动器创建、删除、格式化和管理，复制磁盘映像以及从网络共享启动 Windows 安装程序。

Windows PE 现在已经成为最常见的系统维护工具，在各个版本的系统维护光盘上，都集成了 Windows PE，如图 8-1 所示。

Windows PE 的启动界面如图 8-2 所示，感觉和操作系统的启动基本一样，Windows PE 的界面也是人们所熟悉的视窗界面，如图 8-3 所示。可以直接看到磁盘分区，并且可以跟在操作系统环境下一样访问分区，进行最基本的复制、粘贴操作，甚至可以对不可使用的操作系统文件操作，并且 Windows PE 下还支持 U 盘操作。

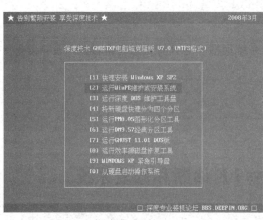

图 8-1 深度集成的 Windows PE

图 8-2 Windows PE 启动界面

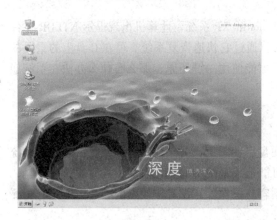

图 8-3 Windows PE 窗口界面

## （二）Windows PE 作用

现在的 Windows PE 主要可以进行重装系统，备份无法正常启动计算机上的资料，对硬盘进行分区格式化，更改系统密码，还能对计算机进行彻底杀毒。

通过对 Windows PE 的定制，它还可以集成更多的软件，实现上网、刻录、多媒体播放、还原丢失数据等功能，如图 8-4 所示。

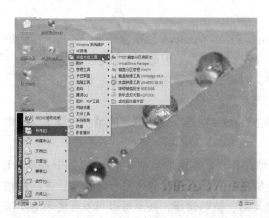

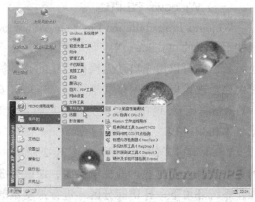

图 8-4 定制的 Windows PE 集成的程序界面

## 二、Windows PE 安装操作系统

安装 Windows XP 操作系统可以采用标准光盘安装,也可以采用 Ghost 镜像还原快速安装,而实际上在 Windows PE 下也可以标准安装和快速安装操作系统。

### (一)Windows PE 下操作系统的标准安装

这里安装的是 Windows XP 操作系统,具体步骤如下:

(1)启动计算机,从系统光盘启动,然后在菜单面上选择"运行 WinPE 维护或安装操作系统"命令,进入 Windows PE 系统,如图 8-5 所示。

(2)如图 8-6 所示,选择"开始"→"程序"→"磁盘光盘工具"→"磁盘分区管理 WinPM"命令,打开软件,如图 8-7 所示,进行磁盘分区。

图 8-5　Windows PE 窗口界面

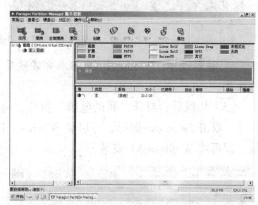

图 8-6　磁盘分区管理程序 WinPM　　　　图 8-7　分区操作主界面

🔔 **温馨提示:** 磁盘分区管理程序 WinPM 的操作步骤基本与前面介绍的分区工具类似,图 8-7 中的硬盘是已经分好区的,此步骤可以省略。

(3)打开"我的电脑"或者"资源管理器",查看硬盘分区状态,还可利用 Windows PE 对 C 盘进行格式化,如图 8-8 所示。

(4)选择"开始"→"程序"→"磁盘光盘工具"→"虚拟光驱"命令,用虚拟光驱加载 Windows XP 标准安装镜像文件,如图 8-9 所示。

图 8-8　格式化 C 盘操作

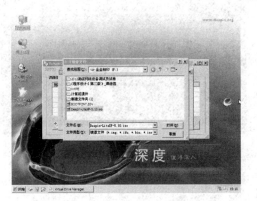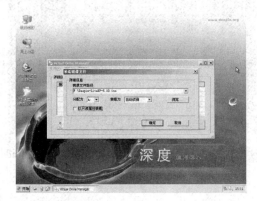

图 8-9　用虚拟光驱加载镜像光盘

🔔温馨提示：Windows XP 标准安装镜像文件可以放在 U 盘上，也可事先放在除 C 盘以外位置。

（5）加载后，打开"我的电脑"窗口，可以看到虚拟光盘图标，如图 8-10 所示，双击打开，双击 Setup.exe 图标，可启动 Windows XP 安装向导，如图 8-11 所示，按照前面所讲步骤，即可将 Windows XP 安装。

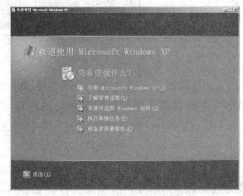

图 8-10　光盘图标　　　　　　　　　　　图 8-11　Windows XP 安装向导

（二）Windows PE 下操作系统的快速安装

操作系统的快速安装其实就是在 Windows PE 下运行 Ghost32.exe,将镜像文件还原到 C 盘。

步骤与 7.3 类似,在进入了 Windows PE 后,选择"开始"→"程序"→"Ghost 工具"→"Ghost32.exe"命令,如图 8-12 所示,后面的步骤与系统还原一致,不再赘述。

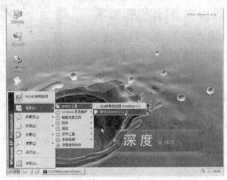

图 8-12　Windows PE 下启动 GHOST

## 三、用 Windows PE 破解 Windows 密码

用户大都会在自己的机器上设置 Windows 密码,如图 8-13 所示。如果密码不记得了,那怎么办呢,需要重装系统吗? 通过下面的学习,可掌握破除密码的方法。

Windows XP 的密码存放在系统所在的"C:\Windows\System32\Config"下 SAM 文件中,SAM 文件即账号密码数据库文件。当登录系统时,系统会自动地和 Config 中的 SAM 自动校对,如发现此次密码和用户名全与 SAM 文件中的加密数据符合时,用户就会顺利登录;如果错误则无法登录。

那么 SAM 文件是什么? SAM 即 security account manager,安全账户管理器,里面记录了账户的密码、sid、权限等信息。

既然 SAM 文件保存了密码信息,那么可否删除 SAM 文件来实现删除密码呢? 回答是:不可以。如果删除了 SAM 文件,将会出现如图 8-14 所示故障。

项目二　计算机维护

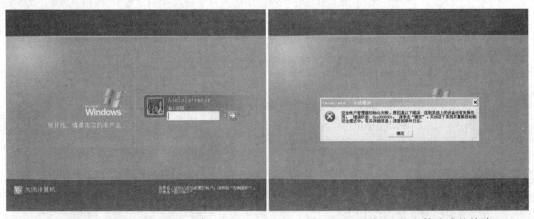

图 8-13　Windows XP 登录框　　　　图 8-14　丢失 SAM 文件造成的故障

温馨提示:如果在 Windows XP 下真的不小心丢失了 SAM 文件,可以考虑利用 Windows PE,从其他装有 Windows XP 计算机下转移一个 SAM 复制到原路径下,当然这

SAM 里面保存的是别台计算机的账户等信息，但是注意，在 Windows XP 已经启动的状态下，SAM 是不能复制的。

其实利用 Windows PE 上的工具，可以非常简单地清除 SAM 里面账户密码内容，具体操作如下：

（1）启动计算机，从系统光盘启动，然后在菜单中上选择"运行 WinPE 维护或安装操作系统"选项，进入 Windows PE 系统，选择"开始"→"程序"→"Windows 系统"→"Windows 用户密码修复"命令，打开软件，如图 8-15 所示。

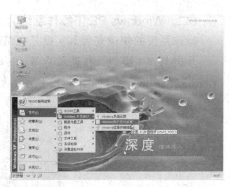

图 8-15　Windows 用户密码修复

（2）按照如图 8-16 所示，选择 Windows 操作系统的安装路径，因为 SAM 文件在此路径之下。

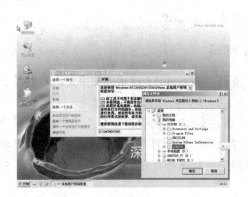 

图 8-16　选择 Windows 操作系统的安装路径

（3）在软件的左边有多个任务，可以使用高级任务，清空管理员组用户密码，如图 8-17 所示，选择"清空管理员组用户密码"选项。

🔅温馨提示：此操作有一定的风险性，可根据如图 8-18 提示，保存好 SAM 文件，谨防 SAM 丢失带来的故障。

 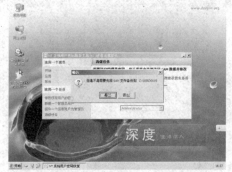

图 8-17　清空管理员组用户密码　　　　图 8-18　清空管理员组用户密码

（4）保存好 SAM 文件后，出现如图 8-19 所示，表示清除密码成功，重启计算机后，Administrator 账户密码为空，可以直接登录，其他非管理员账户密码可在管理员权限下进行修改。

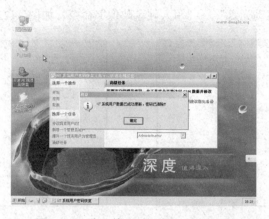

图 8-19 清空管理员组用户密码成功

🔔 温馨提示: 此方法对 NT/2000/2003/xp/Windows 7 等均有效。

## 四、制作 U 盘 Windows PE 启动盘

前面在进行系统安装与维护的时候，大都用的是系统工具光盘，可是如果一台计算机没有安装光驱，那么应该如何处理？

现在 U 盘使用已经非常普遍了，所以可以考虑制作 U 盘启动盘来代替光盘启动盘，从而可以省去光驱，而现在 Windows PE 已近成为非常流行的系统安装与维护工具，所以可以制作 U 盘 Windows PE 启动盘来达到系统安装与维护的目的。

U 盘启动盘的制作方法比较多，下面使用一种比较简单的方法，将一个带有可引导功能的 Windows PE 系统刻录进一个 U 盘，从而达到目的，步骤如下：

（1）从网络上下载一个带有可引导功能的 Windows PE 系统镜像，这里选取的是老毛桃版本的 Windows PE，如图 8-20 所示，它里面带有的维护工具比较多。

（2）准备好 UltraISO.exe 软件，如图 8-21 所示。

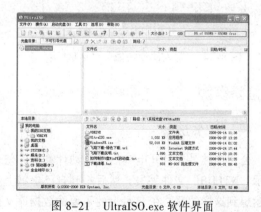

图 8-20　老毛桃版本 PE

图 8-21　UltraISO.exe 软件界面

（3）首先将 U 盘插入计算机的 USB 接口。

🔔 温馨提示: 制作过程 U 盘会被格式化，注意备份资料。

（4）运行 UltraISO.exe 程序，选择"文件"→"打开"命令，选择"老毛桃版本 PE.ISO"文件，如图 8-22 所示，可看到此光盘具有可引导功能。

项目二 计算机维护

（5）然后选择"启动光盘"→"写入硬盘映像"命令，如图 8-23 所示。

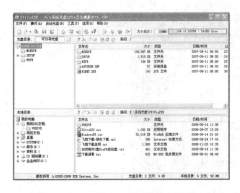

图 8-22　UltraISO 可引导光盘界面　　　　图 8-23　UltraISO 写入硬盘映像菜单

（6）在"硬盘驱动器"项目中选择要制作成启动盘的 U 盘盘符，在"写入方式"下拉列表框中选择 USB-HDD+或者 USB-ZIP+，个人建议选择 USB-ZIP+，兼容性比较好，如图 8-24 所示。

（7）最后单击"写入"按钮，等待数秒，程序提示制作成功完成后，就可以拔出 U 盘。

（8）制作好了的 U 盘启动盘，可以到机器上验证。启动计算机，插入 U 盘启动盘，在 BIOS 的引导菜单中，选择 Removable Devices 选项，如图 8-25 所示，保存后退出，查看能否正确从 U 盘启动。

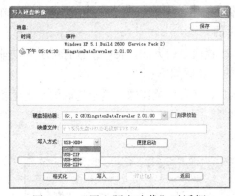

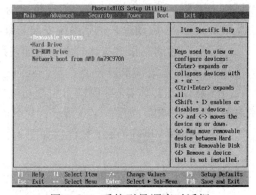

图 8-24　"写入硬盘映像"对话框　　　　　图 8-25　系统引导顺序对话框

## 任务实施

### 一、任务场景

公司小林某天打开电脑后，启动计算机，怎么也进入不了 Windows XP 系统，电脑出现提示"NTLDR"文件丢失。然后想到自己电脑上有一键还原，可以通过它快速恢复系统。可突然想到这样的话，在 C 盘上的重要的数据库文件将会丢失，必须挽救好数据库文件才能一键还原，那么有什么办法在系统崩溃后，还能挽救 C 盘上的文件呢？

### 二、实施过程

#### （一）使用 Windows PE，备份 C 盘上的数据库文件，然后重装系统

此方法按部就班，对于一般的系统崩溃而需挽救文件较为合适。

### （二）修复破坏的系统文件，维护操作系统

这里是由于系统文件 ntldr 丢失造成的系统崩溃，重装系统固然能解决一切问题，但不是最好的方法，对于已知系统文件丢失而造成的系统崩溃，可以采用"缺什么补什么"的方法，即到其他同系统计算机上获得丢失文件，通过 U 盘备份出来，然后在故障机器上运行 Windows PE，将备份出来的系统文件还原到原路径下，问题即可解决。

## 任务小结

通过完成本次任务，读者应掌握使用 Windows PE 安装与维护系统。

（1）掌握 Windows PE 概念及作用。

（2）分析故障原因，合理使用 Windows PE 维护系统。

# 项目拓展实训

## 一、实训名称

借用他人加密后的计算机。

## 二、实训目的

（1）掌握 Windows PE 概念及作用。

（2）掌握 SAM 文件的概念。

（3）掌握 Windows PE 维护系统。

（4）掌握 BIOS 密码及引导顺序的使用。

## 三、实训条件

（1）计算机。

（2）Windows PE 维护系统。

## 四、实训内容

同学小林有一台计算机，放十一长假未带回家，在小林走后，同寝室小明急着用计算机查点资料可又和小林联系不上。小明打开计算机，发现小林设置了 Windows 密码，小明心想我把密码破解就是了，可是要怎么样才能让小林回来的时候保持计算机的原样以免误会呢？小林又该怎么做，才能防止别人破解他的密码呢？

## 五、实训要求

（1）Windows 密码破解。

（2）防止密码破解。

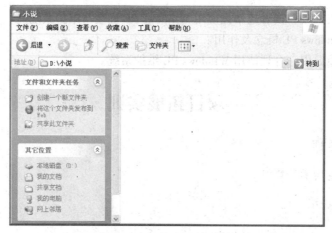

# 任务九　数据恢复技术

## 任务提出

公司老赵近一个月正在创作小说，稿件存放在 "D:\小说" 文件夹下，由于一不小心误删文件且没做备份，导致近一个月写的稿件丢失，如图 9-1 所示，该如何解决？

图 9-1　删空的文件夹

## 任务分析

人们通常做系统备份较多，在个人计算机上，数据文件的备份做得相对比较少，如若不小心误删了一些文件，很可能造成很大的损失，如果碰到这种事情，第一个肯定是想能不能找回数据，这就是常说的数据恢复，那么删除的数据真的能恢复吗？格式化后的数据也能吗？需要掌握如下知识点：

（1）硬盘数据的组织结构。

（2）文件系统的相关概念。

（3）文件丢失的原因及恢复思想。

（4）分区表故障的恢复方法。

## 相关知识

### 一、硬盘分区概述

#### （一）硬盘分区

硬盘安装好后，要进行分区和格式化后，才能存储数据。

分区就是将硬盘容量分割为多个独立的存储空间，如图 9-2 所示。

硬盘分区的工具在 DOS 系统下有 FDISK、DISKGEN 等，在 Windows 系统中可以用磁盘管理工具或 PQMAGIC 实现，如图 9-3 所示。

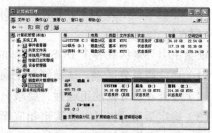

图 9-2　硬盘空间示意图　　　　　　　　图 9-3　"磁盘管理"工具

## （二）硬盘格式化

格式化（高级格式化）就是为每个分区空间创建文件系统，分区在格式化后才能存取文件，用户数据都是以文件形式组织存放的。

格式化操作可以使用 FORMAT 命令，或是其他的分区、格式化工具等。也可以在 Windows 系统的安装或磁盘管理中完成，其界面如图 9-4 所示。

图 9-4　格式化分区

## 二、硬盘数据组织结构

### （一）主引导扇区

硬盘数据组织结构如图 9-5 所示，在硬盘的 0 磁头 0 柱面 1 扇区是主引导扇区，它由三个部分组成，分别为：主引导记录（MBR）、硬盘分区表（DPT）、结束标志（"55AA"），如图 9-6 所示。

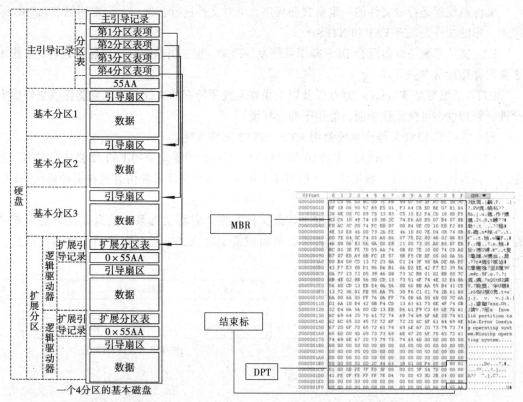

图 9-5　硬盘数据组织结构图　　　　　　图 9-6　主引导扇区图示

主引导扇区大小为 512 字节，其中 MBR 占 446 字节，DPT 占 64 字节，结束标志占 2 字节（55AA）。

硬盘主引导扇区在各个 DOS 版本下的内容基本一致，主要完成的任务是：

（1）存放硬盘分区表，这是硬盘正确读/写的关键数据。

（2）检查硬盘分区的正确性，要求只能且必须存在一个活动分区。

（3）确定活动分区号，并读出相应操作系统的引导记录。

（4）检查操作系统引导记录的正确性，DOS 引导扇区末尾存在着一个"55AA"标志，供引导程序识别。

（5）把操作系统的引导记录调入内存加以执行，操作系统就此开始启动。

### （二）分区表

传统的分区方案（称为 MBR 分区方案）是将分区信息保存到磁盘的第一个扇区（MBR 扇区）中的 64 字节中，每个分区项占用 16 字节，这 16 字节中存有活动状态标志、文件系统标识、起止柱面号、磁头号、扇区号、隐含扇区数目（4 字节）、分区总扇区数目（4 字节）等内容。

由于 MBR 扇区只有 64 字节用于分区表，所以只能记录 4 个分区的信息。这就是硬盘主分区数目不能超过 4 个的原因。后来为了支持更多的分区，引入了扩展分区及逻辑分区的概念，但每个分区项仍用 16 字节存储。

## 三、文件系统

文件系统就是存取文件的一组格式和程序，可对文件进行管理。人们常用的 Windows 系统中使用的文件系统有 FAT 和 NTFS。

FAT 文件系统是以前配合 DOS 操作系统发展而来，现在仍然对它仍然保持兼容，主要用于数码存储设备中。

NTFS 系统则是 Windows 2000 以及以上操作系统所特有的文件系统，它能提供更好的安全性、管理性、可恢复性功能，能用于商业环境。

现在流行的 LINUX 操作系统使用 EXT、EXT2 文件系统。

FAT 文件系统分为 FAT12、FAT16 和 FAT32，现在的硬盘均使用 FAT32 格式，它由引导扇区、保留区、FAT 表、数据区（含根目录）组成，其中文件系统信息放在引导扇区、FAT 表和目录中，如图 9-7 所示。

NTFS 文件系统中整个分区都用于装载文件数据，它将文件系统信息以文件的形式来存储，其中最重要的就是 MFT 元文件，里面记录了该分区中所有文件的文件属性信息，如图 9-8 所示。

图 9-7　FAT32 格式

图 9-8　NTFS 格式

## 四、数据恢复方法

### （一）误删除、误格式化的局部数据恢复

文件在存储的时候，除了写入文件数据信息外，还会记录下文件的属性与相关信息，比如文件名、存储时间、文件属性、大小、存储的位置等。

当进行删除或格式化操作时，系统并未将文件的数据内容清除，只是在其他地方做了标记，改变了状态。

每个分区的 0 扇区记录了这个分区的文件系统信息，当数据丢失时，可在此处读出文件系统格式信息，然后将文件的各类属性以及数据读出，从而恢复文件。

### （二）误重分区全盘数据恢复

硬盘被重新分区后（或分区表丢失），如图 9-9 所示，原来的数据将会全部丢失，但只要没有破坏到原分区的文件系统信息数据，就可以将原分区找回，同时还能保留里面的数据，因此速度快而且效果好。

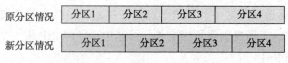

图 9-9　新旧分区示意图

### （三）EasyRecovery 恢复硬盘数据

OnTrack 公司的 EasyRecovery 是一款功能强大的硬盘数据恢复工具，能够帮助用户恢复丢失的数据以及重建文件系统。EasyRecovery 不会向原始驱动器写入任何内容，主要是在内存中重建文件分区表使数据能够安全地传输到其他驱动器中。EasyRecovery 可以从被病毒破坏或已经格式化的硬盘中恢复数据，被破坏的硬盘中像丢失的引导记录、BIOS 参数数据块、分区表、FAT 表、引导区都可以由它来恢复。另外，应用该软件还可以对 ZIP 文件以及微软的 Office 系列文档进行修复。

图 9-10　EasyRecovery 操作界面

下面以 EasyRecovery 6.10 为例，主要介绍如何恢复硬盘中被删除和被格式化的数据。

软件安装完成后，双击桌面上的快捷方式图标，启动 EasyRecovery，操作界面如图 9-10 所示。

#### 1. 恢复硬盘被删除的数据

（1）启动 EasyRecovery，在窗口左侧栏中选择"数据恢复"选项，在打开的选项组中选择"删除恢复"选项，如图 9-11 所示。

（2）扫描系统后，打开如图 9-12 所示的窗口中，选择被删除文件所在的分区"E"，选中"完整扫描"复选框，在"文件过滤器"文本框中输入被删除文件的扩展名 txt，单击"下一步"按钮。

图 9-11　恢复已删除的文件　　　　　　图 9-12　扫描设置

（3）扫描完成后，EasyRecovery 显示可恢复的文件列表。在列表中单击选中要恢复的文件，单击"下一步"按钮，如图 9-13 所示。

（4）在"恢复目标选项"区中，单击"浏览"按钮，在打开的"浏览文件夹"对话框中选择路径"C:\backup"。如果要创建压缩文件，可选中"创建 ZIP 压缩文件"单选按钮。单击"下一步"按钮，如图 9-14 所示。

（5）恢复完成后，显示文件恢复报告，单击【完成】按钮返回 EasyRecovery 主窗口，如图 9-15 所示。

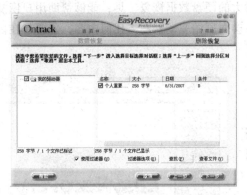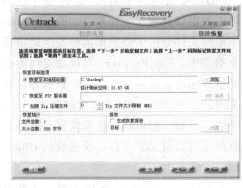

图 9-13　选择要恢复的文件　　　　　　图 9-14　设置恢复数据的保存位置

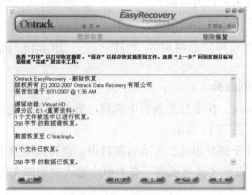

图 9-15　文件恢复报告

**2. 恢复被格式化的硬盘中的数据**

（1）在窗口左侧栏中选择"数据恢复"选项，在打开的选项组中选择"格式化恢复"选项，如图 9-16 所示。

（2）在图 9-17 所示的窗口中，选择被格式化的分区 E，在"先前的文件系统"下拉列表中选择格式化前该分区的文件系统 NTFS，单击"下一步"按钮。

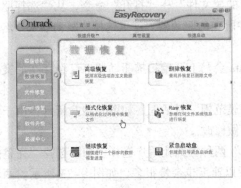

图 9-16　选择格式化恢复

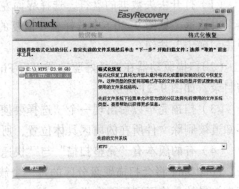

图 9-17　选择被格式化分区

（3）显示"正在扫描文件"进度框。扫描完成后，在列表中单击选中要恢复的文件，单击"下一步"按钮，如图 9-18 所示。

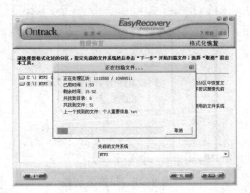

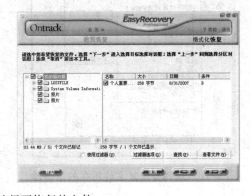

图 9-18　扫描并选择要恢复的文件

（4）在"恢复目标选项"区中，单击"浏览"按钮，在打开的"浏览文件夹"中选择恢复后的文件存放的位置"C:\save"，单击"下一步"按钮，如图 9-19 所示。

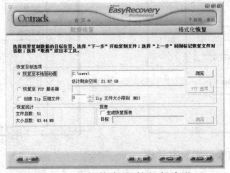

图 9-19　选择恢复文件的保存位置

项目二　计算机维护

141

🔔 **温馨提示：** 数据恢复后的保存位置不能设置在正在被恢复的分区中。

（5）恢复完成后，显示格式化恢复报告。单击"完成"按钮返回 EasyRecovery 主窗口。关于 Office 文件、E-mail 的修复方法与此类似，这里就不再详细说明了。

### （四）FinalData 恢复硬盘数据

FinalData 是专业的数据恢复软件，功能十分强大。下面介绍其使用方法：

（1）打开丢失数据的盘符，选择界面左上角的"文件"→"打开"命令，从"选择驱动器"对话框（见图 9-20）中选择想要恢复的文件所在的驱动器。这里选择"驱动器 K"然后单击"确定"按钮。

（2）扫描驱动器在选择好驱动器以后 FinalData 会马上开始扫描驱动器上已经存在的文件与目录，如图 9-21 所示。

（3）扫描完毕以后出现一个"选择要搜索的簇范围"对话框，如图 9-22 所示，由于并不知道被删除文件所在的扇区具体位置，所以不做修改。

（4）有的版本有"完整扫描"与"快速扫描"两种方式让用户选择，如果选择"完整扫描"FinalData 将会扫描硬盘分区的每一个簇，所以速度也会慢很多，如图 9-23 所示。两者产生效果的具体区别后面会指出。

图 9-20 选择要恢复文件所在的驱动器

图 9-21 扫描驱动器

图 9-22 "选择要搜索的簇范围"对话框

图 9-23 "簇扫描"对话框

（5）其实当文件被删除时，实际上只有文件或者目录名称的第一个字符会被删除。

FinalData 通过扫描目录入口或者数据区来查找被删除的文件。扫描完成后将生成删除的文件和目录的列表在目录示图和目录内容示图。当目录扫描完成后，在窗口的左边区域将会出现七个项目，而目录和文件将会显示在右边窗口，如图 9-24 所示。这七个项目的含义如下：

图 9-24 "根目录"窗口

① "根目录"：正常根目录。

② "删除的目录"：从根目录删除的目录集合（只有"快速扫描"后可用）。

③ "删除的文件"：从根目录删除的文件集合（只在"快速扫描"可用）。

④ "丢失的目录"：只有在"完整扫描"后找到的目录将会被显示在这里。由于已经被部分覆盖或者破坏，所以"快速扫描"不能发现这些目录。如果根目录由于格式化或者病毒等引起破坏，FinalData 就会把发现和恢复的信息放到"丢失的目录"中（只有在"完整扫描"后可用）。

⑤ "丢失的文件"：被严重破坏的文件，如果数据部分依然完好，可以从"丢失的文件"中恢复。在"快速扫描"过后，FinalData 将执行"完整扫描"以查找被破坏的文件并将列表显示在"丢失的文件"中（只有"完整扫描"后可用）。

⑥ "最近删除的文件"：当 FinalData 安装后，"文件删除管理器"功能自动将被删除文件的信息加入到"最近删除的文件"中。因为 FinalData 将这些文件信息保存在一个特殊的硬盘位置，大多数情况下可以完整地恢复出数据（安装程序时会指定一定的硬盘空间来存放这些信息）。

⑦ "找到的文件"：这些是所有硬盘上面被删除的文件，以后可以按照文件名、簇号和日期对扫描到的文件进行查找。

（6）如果找不到要恢复的文件的位置或者在"删除的文件"中有太多文件以至于很难找到需要恢复的文件，就可以使用"查找"功能。从菜单中选择"文件"→"查找"命令。FinalData 提供的查找方式有三种，有按文件名查找、按簇查找、按日期查找。这里介绍最常用的按文件名查找，在提示框中输入所找文件的关键字或者通配符（?号、*号）。单击右面的"查找"以后 FinalData 将在当前分区查找存在的或者已删除的目标文件。找到的文件将会出现在左窗口区域的"找到的文件"项目中

（7）在右面的窗口中找到需要恢复的文件以后右击，在弹出的快捷菜单中选择"恢复"命令，如图 9-25 所示，出现"选择要保存的文件夹"对话框，如图 9-26 所示。当保存文件

时，最好不要把数据保存到根目录。因为当重要数据从根目录被意外删除后，其他数据的访问将大大减少这些重数据被恢复的可能性。在"目录"里面指定希望恢复文件的保存路径，最后单击"保存"按钮，这时就可以打开"我的电脑"来确认数据是否恢复成功了。

图 9-25 "恢复"命令　　　　　　图 9-26 "选择要保存的文件夹"对话框

💬 温馨提示：在 360 安全卫士的"功能大全"里，集成了文件恢复小工具，其原理与 EasyRecovery 或者 FinalData 类似，如图 9-27 所示。

图 9-27　360 安全卫士文件恢复小工具

## 任务实施

### 一、任务场景

场景一：公司老赵近一个月正在创作小说，稿件存放在计算机的"D:\小说"文件夹下，由于一不小心误删文件且没做备份，导致近一个月的信息丢失。

场景二：公司老王最近拍摄的照片存放在 U 盘中，由于不小心格式化 U 盘且没做备份，导致近一个月的信息丢失。

场景三：公司小张的计算机有三个分区，他认为分区不合理，在使用 U 盘进行必要的数据文件的备份后，进行了重新分区格式化，可是他突然记起来还有重要的文件未备份，可是这时候数据已经丢失了，应该怎么办？

## 二、实施过程

以上三个场景中，场景一和场景二是通常所说的误删除、误格式化所造成的数据丢失，而场景三则是由于重分区，致使原分区表损坏造成的数据丢失，两者性质不同，分别予以操作。

### （一）误删除、误格式化的局部数据恢复

根据数据丢失的原因，使用 EasyRecovery 或者 FinalData 按操作步骤来进行。

### （二）分区表破坏的全盘数据恢复

EasyRecovery 或者 FinalData 是通过扫描磁盘来恢复数据，而分区表破坏造成的全盘数据丢失，可以通过 DiskGenius 等软件来进行分区表重建，从而达到恢复数据的目的。

#### 1. DiskGenius

（1）在纯 DOS 下运行 DiskGenius，运行后它会自动检测当前硬盘并将每个分区的信息详细提供给用户，如图 9-28 所示。左边柱形图表示硬盘、有几段就代表有几个分区，小张以前是三个分区，而现在是两个分区。

（2）在菜单栏选择"工具"→"重建分区"命令，DiskGenius 便开始搜索并重建分区，如图 9-29 所示。

（3）搜索过程可采用"自动方式"或"交互方式"，"自动方式"保留发现的每一个分区、"交互方式"对发现的每一个分区给出提示并由用户选择，这里选择"自动方式"，如图 9-30 所示。

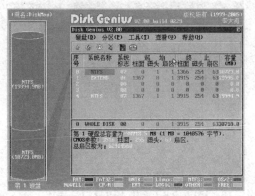
图 9-28 DiskGenius 主界面

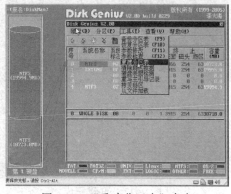
图 9-29 "重建分区表"命令

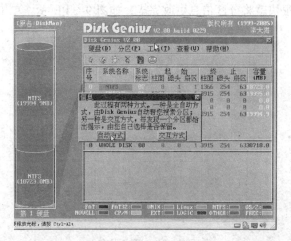
图 9-30 搜索的两种方式

项目二 计算机维护

（4）下来出现搜索进度指示界面，如图 9-31 所示。

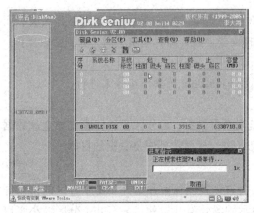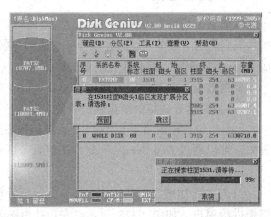

图 9-31　恢复进度指示条

（5）很快分区表重建就完成了，如图 9-32 所示，可以清楚地看到左边柱形图显示分区丢失前的状态，右边图表中是各分区的详细信息，原来的 C 盘由于重装系统被破坏，数据很难找回，但是数据盘 D 盘、E 盘全部找回。

（6）选择"工具"→"重建主引导记录"命令，如图 9-33 所示。

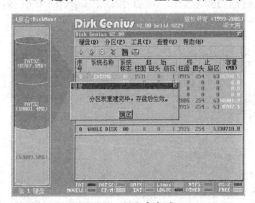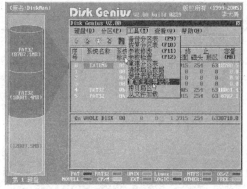

图 9-32　重建完成　　　　　　　　　　　　图 9-33　重建主引导记录选项

（7）DiskGenius 很快就将分区信息更改完毕，如图 9-34 所示，单击"重新启动"按钮。

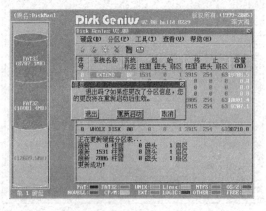

图 9-34　退出保存

## 2. Partition Table Doctor

（1）打开 Partition Table Doctor，界面如图 9-35 所示，重分区后只有两个分区，而原来是 3 个分区，需要重建分区表修复。

（2）选择"操作"→"重建分区表"命令，或者直接按【F3】键，打开如图 9-36 所示的界面。

图 9-35 Partition Table Doctor 主界面

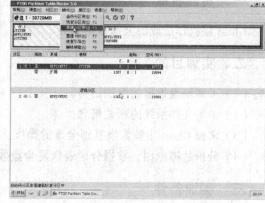

图 9-36 "重建分区表"命令

（3）下面一步很重要，一定要选择"交互"模式，如图 9-37 所示，然后单击"下一步"按钮，开始搜索所有分区，包括以前所有删除的所有分区。

（4）搜索完毕，所有分区信息都会显示出来，用户可选择自己想要恢复的分区，如图 9-38 所示，在下面的区域，会显示用户所选的分区在整个硬盘的位置，有助于用户组合选择。

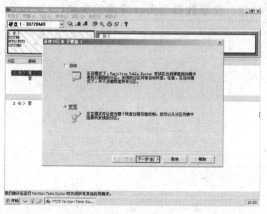

图 9-37 两种方式选项

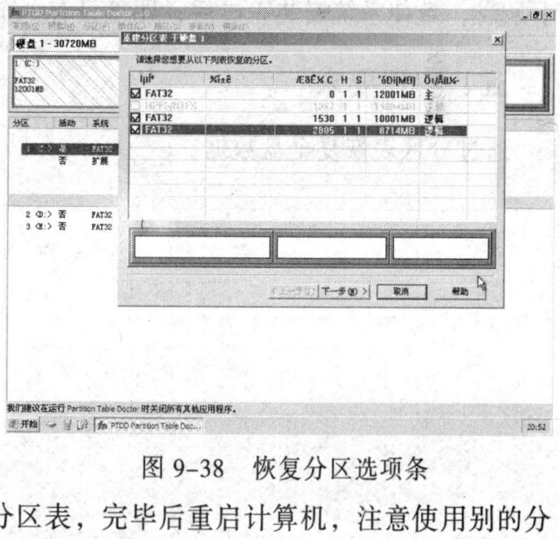

图 9-38 恢复分区选项条

（5）单击"下一步"按钮，软件开始重建分区表，完毕后重启计算机，注意使用别的分区工具设置好活动分区。

## 任务小结

通过完成本次任务，读者应掌握数据恢复技术。

（1）了解硬盘数据的组织结构。

（2）了解文件系统的相关概念。

项目 二 计算机维护

（3）掌握文件丢失的原因及恢复思想。

（4）掌握分区表故障的恢复方法。

# 项目拓展实训

## 一、实训名称

Ghost 误操作造成的全盘数据丢失。

## 二、实训目的

（1）了解硬盘数据的组织结构。

（2）了解文件系统的相关概念。

（3）掌握 Ghost 中镜像恢复到全盘的操作。

（4）分析故障原因，掌握分区表恢复全盘数据的方法。

## 三、实训条件

（1）计算机。

（2）系统维护工具光盘。

## 四、实训内容

张同学在使用手动 GHOST 还原系统时，本应该选择的"还原到分区"错误弄成"还原到硬盘"，致使系统安装完成后，硬盘只有一个 C 盘，全部数据丢失，应该怎么办？

## 五、实训要求

通过分区表恢复全盘数据。

项目三

➡ 计算机常见故障检测与维修

公司的几台计算机用了一段时间后，出现了一些故障。其中一台计算机在使用过程中会弹出一些警告窗口，而且运行速度越来越慢，另外一台计算机开机运行几分钟后便死机，出现蓝、黑屏现象，还有一台计算机无法正常开机。

本项目将从几个故障案例出发，介绍计算机的故障检测与维修过程。

### 学习目标

（1）开机报警故障故障检测与维修。
（2）开机无显示故障检测与维修。
（3）系统出错类故障检测与维修。
（4）计算机外设故障检测与维修。
（5）笔记本电脑常见故障检测与维修。

## 任务十　开机报警类故障检测与维修

### 任务提出

某天，技术部小杨和往常一样按下主机箱上的 POWER（开机）键开机后，系统没有正常启动，主机箱内有"嘀、嘀"的报警声。他打电话给李明，要求进行维修。

### 任务分析

在进行开机报警类故障检测与维修之前，需要掌握以下知识点：
（1）计算机硬件维修工具使用。
（2）计算机的致命性报警故障维修。
（3）计算机的非致命性报警故障维修。

### 相关知识

#### 一、计算机硬件维修工具使用

从事计算机故障维护维修需要熟练掌握各种维修工具和测量仪表的使用方法。下面重点介绍主板诊断卡和万用表的使用方法。

（一）主板诊断卡

1. 主板诊断卡简介

主板诊断卡也叫 DEBUG 卡，是一种专业硬件故障检测设备，它利用自身的硬件电路读取 80H 地址内的 POST CODE，并经译码器译码，最后由数码 LED 指示灯将代码显示出来，其原理与 POST 自检是一致的，如图 10-1 所示。这样就可以通过 DEBUG 卡上显示的 16 进制代码判断问题出在硬件的那一部分，而不用仅依靠计算机主板那几声单调的警告声来粗略判断硬件错误。而且由于诊断卡是利用自身的 BIOS POST 程序读取诊断端口的 POST 代码，因此不受主板 BIOS 芯片

图 10-1　主板诊断卡

限制，可以在主板 BIOS 损坏的情况下正常诊断；并且利用诊断卡自身的发光二极管显示各组电压工作状态。通过它可知道硬件检测没有通过的是内存还是 CPU，或者是其他硬件，方便直观地解决棘手的主板问题。

目前的主板诊断卡通常带有 ISA 和 PCI 两种接口，可以方便地使用在大多数主板上，而且插反也不会烧毁主板或诊断卡（非常适合于初级用户）；卡上有两位数字 LED 提示灯；倘若计算机无法启动时将其插入故障主板的相应插槽中，接通电源后，根据 LED 指示灯最后停滞的数字，参照随卡附带的故障列表手册，就能知道主板故障所在。而且最新的诊断卡可以通过诊断卡的主板运行检测灯，方便地检测出是主板本身的故障还是主板上其他硬件的故障。

2. 主板诊断卡的工作原理

主板诊断卡的工作原理其实很简单，每个厂家的 BIOS，无论是 AWARD、AMI 还是 PHOENIX 的，都有所谓的 POST CODE，即开机自我侦测代码，当 BIOS 要进行某项测试动作时，首先将该 POST CODE 写入 80H 地址，如果测试顺利完成，再写入下一个 POST CODE，因此，如果发生错误或死机，根据 80H 地址的 POST CODE 值，就可以了解问题出在什么地方。DEBUG 卡的作用就是读取 80H 地址内的 POST CODE，并经译码器译码，最后由数码管显示出来。这样就可以通过 DEBUG 卡上显示的 16 进制代码判断问题出在硬件的那一部分。通过它可知道硬件检测没有通过的是内存还是 CPU，或者是其他硬件，方便直观地解决棘手的主板问题。以此类推，还可以判断超频的限制硬件是哪一个，做到有的放矢，查障无忧。

常见的错误代码含义如下：

（1）"C1" 内存读/写测试，如果内存没有插上，或者频率太高，会被 BIOS 认为没有内存条，那么 POST 就会停留在 "C1" 处。

（2）"0D" 表示显卡没有插好或者没有显卡，此时，蜂鸣器也会发出嘟嘟声。

（3）"2B" 测试磁盘驱动器，软驱或硬盘控制器出现问题，都会显示 "2B"。

（4）"FF" 表示对所有配件的一切检测都通过了。但如果一开机就显示 "FF"，这并不表示系统正常，而是主板的 BIOS 出现了故障。导致的原因可能有：CPU 没插好、CPU 核心电压没调好、CPU 频率过高、主板有问题等。

3. 主板诊断卡的使用

首先把 DEBUG 卡插到故障主板上，CPU、内存、扩充卡都不插，只插上主板的电源，此

时，主振灯应亮，否则主板不起振。复位信号灯应亮半秒钟后熄灭，若不亮，则主板无复位信号而不能用；如果常亮，则主板总处于复位状态，无法向下进行。初学者常把加速开关线当成复位线插到了复位插针上，导致复位灯常亮，复位电路损坏也会导致此故障。分频信号灯应亮，否则说明分频部分有故障。+5V、–5V、+12V、–12V（新式卡多了+3V、–3V）4 个（6 个）电源指示灯应足够亮，不亮或亮度不够，说明开关电源输出不正常，或者是主板对电源短路或开路。BIOS 信号灯因无 CPU 不亮是正常的，但若插上完好的 CPU 后，BIOS 灯应无规则的闪亮，否则说明 CPU 坏或跳线不正确或主板损坏。DEBUG 卡的这一功能相当有效，像–5V、–12V 这样的电压值在 PC 组件中极少用到，使用时间很长的 PC 电源，其–5V 和–12V 可能已经损坏，但平时却看不出来，现在，通过 DEBUG 卡上的指示灯就可方便地解决这个问题。

排除了以上简单的故障后，把有关的扩展卡插上（一般是只组成最小系统），根据开机后显示的代码，就可以直接找到有问题的配件，从而方便地解决装机时出现的硬件错误，比如内存、显卡、CPU 等硬件的接触错误，BIOS、CPU 缓存的功能错误等。

### （二）数字万用表

万用电表又称三用表，是一种多量程和测量多种电量的便携式电子测量仪表。一般的万用电表以测量电阻，交、直流电流，交、直流电压为主。有的万用电表还可以用来测量音频电平、电容量、电感量和晶体管的 β 值等。

由于万用电表结构简单、便于携带、使用方便、用途多样、量程范围广，因而它是维修仪表和调试电路的重要工具，是一种最常用的测量仪表。

现在，数字式测量仪表已成为主流，有取代模拟式仪表的趋势。与模拟式仪表相比，数字式仪表灵敏度高，准确度高，显示清晰，过载能力强，便于携带，使用更简单。下面以图 10–2 所示的 VC9802 型数字万用表为例，简单介绍其使用方法和注意事项。

图 10–2　VC9802 型数字万用表

### 1. 使用方法

（1）使用前，应认真阅读有关的使用说明书，熟悉电源开关、量程开关、插孔、特殊插口的作用。

（2）将电源开关置于 ON 位置。

（3）交直流电压的测量：根据需要将量程开关拨至 DCV（直流）或 ACV（交流）的合适量程，红表笔插入 V/Ω孔，黑表笔插入 COM 孔，并将表笔与被测线路并联，读数即显示。

（4）交直流电流的测量：将量程开关拨至 DCA（直流）或 ACA（交流）的合适量程，红表笔插入 mA 孔（< 200 mA 时）或 10A 孔（> 200 mA 时），黑表笔插入 COM 孔，并将万用表串联在被测电路中即可。测量直流量时，数字万用表能自动显示极性。

（5）电阻的测量：将量程开关拨至Ω的合适量程，红表笔插入 V/Ω孔，黑表笔插入 COM 孔。如果被测电阻值超出所选择量程的最大值，万用表将显示 "1"，这时应选择更高的量程。测量电阻时，红表笔为正极，黑表笔为负极，这与指针式万用表正好相反。因此，测量晶体管、电解电容器等有极性的元器件时，必须注意表笔的极性。

**2. 使用注意事项**

（1）如果无法预先估计被测电压或电流的大小，则应先拨至最高量程挡测量一次，再视情况逐渐把量程减小到合适位置。测量完毕，应将量程开关拨到最高电压挡，并关闭电源。

（2）满量程时，仪表仅在最高位显示数字"1"，其他位均消失，这时应选择更高的量程。

（3）测量电压时，应将数字万用表与被测电路并联。测电流时应与被测电路串联，测直流量时不必考虑正、负极性。

（4）当误用交流电压挡去测量直流电压，或者误用直流电压挡去测量交流电压时，显示屏将显示"000"，或低位上的数字出现跳动。

（5）禁止在测量高电压（220 V 以上）或大电流（0.5 A 以上）时换量程，以防止产生电弧，烧毁开关触点。

当显示 BATT 或 LOW BAT 时，表示电池电压低于工作电压。

**（三）防静电工具和清洁工具**

在计算机维修方面，静电的问题一直存在于生活中和工作中，如何正确防静电和使用防静电工具是计算机维修方面需要考虑的问题，计算机维修中如果不设置防静电装置常常会给计算机元件来危害。

常用的防静电工具主要有防静电服装和防静电手腕带等。防静电服装和腕带是消除人体防静电系统的重要组成部分，可以使消除或控制人体静电的产生，从而减少制造过程中最主要的静电来源。

防静电服装包括防静电连体服、防静电分体服、防静电大褂、防静电鞋、防静电帽、防静电手套、防静电手指套等。

防静电手腕带是操作人员在接触电子元器件时最重要的防静电产品，通过接地通路，可以将人体所带的静电荷安全地放掉。它由防静电松紧带、活动按扣、弹簧软线、保护电阻及插头或夹头组成。

计算机主机是闭合的，可是长时间不清洁，里面会非常脏。因为计算机是带电作业，对粉尘的吸附能力很强，粉尘的危害很大，会阻碍风扇的正常工作，轻者造成耗电量增大、散热效果差、影响网速；重者可导致死机，甚至将主板烧坏。因此，应定期对计算机主机内箱进行专业技术清洁、消毒、杀菌、养护，以保障计算机主机的正常运行，延长主机设备的使用寿命。

常用清洁工具主要有防静电毛刷、防静电吸尘器和静电消除液等。

## 二、微机维修规范

**（一）维修的流程**

微机维修需要按照一定的流程来对微机故障进行分析、诊断和维修。其一般流程如图 10-3 所示。

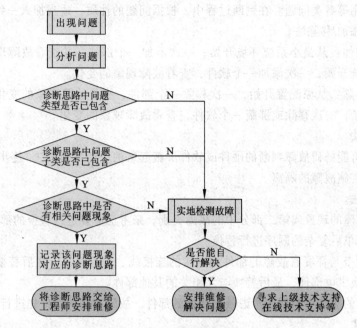

图 10-3　微机维修流程图

（二）维修的要求

**1. 维修的基本原则**

（1）从简单的事情做起，包括：

① 观察。

② 故障隔离。

（2）根据观察到的现象，要"先想后做"具体表现为：

① 怎样做，从何处入手，再实际做。

② 先查阅资料，后着手维修。

③ 以已有的知识、经验为判断的依据，不懂的要问。

（3）大多数维修都应"先软后硬"。

（4）维修中要分清主次，即抓主要矛盾。

**2. 维修的基本方法**

（1）观察法。主要应观察：

① 周围的环境。

② 硬件环境。

③ 软件环境。

④ 用户的操作习惯与操作过程。

（2）硬件最小系统法。

即只有电源、主板和 CPU（带风扇）、内存、显卡（若主板集成显卡则不需要）和显示器，用于检查不加电及无显示问题。

（3）软件最小系统法。

包括电源、主板、CPU（带风扇）、内存、显示卡、硬盘驱动器和操作系统。用于检查启动、安装、应用等各类问题。在判断过程中，根据问题的性质，适当加入一到两个硬件。

（4）逐步添加/移除法。

① 逐步添加：从最小系统环境开始，一次添加一个部件，并查看故障现象的变化。从单一的操作系统开始，一次添加一个软件，查看故障现象的变化。

② 逐步移除：从原配置开始，一次移除一个部件，查看故障现象的变化。从现有的用户应用环境开始，一次移除或屏蔽一个软件，查看故障现象的变化。

（5）隔离法。

这是一种可能妨碍故障判断的硬件或软件屏蔽起来的一种判断方法。逐步添加/移除法实际上也就是在实施故障的隔离。

（6）替换法。

① 根据故障的现象或第二部分中的故障类别，来考虑需要进行替换的部件或设备。

② 按先简单后复杂的顺序进行替换。

③ 最先考查与怀疑有故障的部件相连接的连接线、信号线等，之后替换怀疑有故障的部件，再后替换供电部件，最后替换与之相关的其他部件。

④ 从部件的故障率高低来考虑最先替换的部件。故障率高的部件先进行替换。

（7）比较法。

① 用好的部件与怀疑有故障的部件进行外观、配置、运行现象等方面的比较。

② 在两台计算机间进行比较，以判断故障计算机在环境设置，硬件配置方面的不同，从而找出故障部位。

（8）升降温法。

① 降低计算机的通风能力，来升温。

② 用电风扇对着故障机吹，来降温。

③ 选择环境温度较低的时段，来降温。

④ 使计算机停机 12~24 小时以上，来降温。

（9）敲打法。

① 通过振动、适当的扭曲来复现故障。

② 用橡胶锤敲打部件或设备的特定部件来复现故障。

（10）关于电脑清洁的建议。

① 注意风道的清洁。

② 注意风扇的清洁。

③ 注意接插头、座、槽、板卡金手指部分的清洁。

④ 注意大规模集成电路、元器件等引脚处的清洁。

⑤ 注意使用的清洁工具。

⑥ 对于比较潮湿的情况，应想办法使其干燥后再使用。

（11）软件调整的几个方法。

① 操作系统方面。

② 设备驱动安装与配置方面。

③ 磁盘状况方面。

④ 应用软件方面。

⑤ BIOS 设置方面。

⑥ 重建系统。

### 3. 维修的步骤

（1）了解情况。

① 了解故障发生前后的详细情况，进行初步的判断。

② 用户的故障与技术标准是否有冲突。

（2）复现故障。

① 用户所报修故障现象是否存在，并对所见现象进行初步判断，确定下一步的操作。

② 是否还有其他故障存在。

（3）判断维修。

对所见的故障现象进行判断、定位，找出产生故障的原因。

（4）进行修复。

应遵循第一部分中所述的原则、方法、注意事项，及第二部分所述内容进行操作。

（5）进行验机。

① 确认发现的故障现象解决。

② 用户的计算机不存在其他可见的故障。

③ 参考计算机整机正常的标准。

④ 必须按照维修检验确认单所列内容进行整机验机。

### 4. 维修中应注意的问题

（1）在进行故障现象复现、维修判断的操作过程中，应避免故障范围扩大。

（2）在维修时，须查验、核对装箱单及配置。

（3）必须充分地与用户沟通。了解用户的操作过程、出故障时所进行过的操作、用户使用计算机的水平等。

（4）维修中第一要注意的就是观察。

（5）在维修前，如果灰尘较多，或怀疑是灰尘引起的，应先除尘。

（6）对于自己不熟悉的应用或设备，应在认真阅读用户使用手册或其他相关文档后，才可动手操作。

（7）禁止维修工程师为用户安装地线。如用户要安装地线，请用户联系正式电工为其安装。

（8）如果要通过比较法、替换法进行故障判断的话，应先征得用户的同意。

（9）在进行维修判断的过程中，如有可能影响到用户所存储的数据，一定要在做好备份、或保护措施、并征得用户同意后，才可继续进行。

（10）当出现大批量的相似故障（不仅是可能判断为批量的故障）时，一定要对周围的环境、连接的设备，以及与故障部件相关的其他部件或设备进行认真的检查和记录，以找出引起故障的根本原因。

（11）注意随机性故障的处理。

① 慎换硬件。

② 以软件调整为主。

（12）应努力学习相关技术知识、掌握操作系统的安装、使用方法及配置工具的使用等；理解各配置参数的意义与适用的范围。

项目三 计算机常见故障检测与维修

① 请求支持需要关注的内容。

② 硬件及配置信息（尽可能详尽）。

③ 软件及配置信息（尽可能详尽）。

④ 周围环境。

⑤ 完整的故障现象描述。

⑥ 做过的维修操作。

### 三、计算机的致命性故障报警

计算机的致命性故障报警是指计算机开机屏幕没有任何显示，也就是人们所说的黑屏故障，并且主机发出各种不同报警声音提示。

POST（Power On Self Test，加电自检）是计算机每次开机都必须执行的程序。计算机硬件出现问题时，机器的加电自检程序 POST 会从 PC 喇叭发出一些长短音组成的不同声音报警信息，提醒微机用户确定故障。根据这个提示可以确定产生错误的部件并找出解决的方法，接下来就常见 BIOS 的告警响铃代码进行介绍。

#### （一）AWARD BIOS 常见告警响铃代码及说明

（1）1 短：系统正常启动。

（2）2 短：常规错误。请进入 CMOS SETUP 重新设置不正确的选项。

（3）1 长 1 短：内存或主板出错。

（4）1 长 3 短：键盘控制器错误。

（5）不断地响（长声）：内存插不稳或损坏。重插内存条，若还是不行，只有更换一条内存。

（6）重复短响：电源问题。

（7）无声音无显示：电源问题。

#### （二）AMI BIOS 常见告警响铃代码及说明

（1）1 短：内存刷新失败。内存损坏比较严重，需要换内容。

（2）2 短：内存 ECC（奇偶）校验错误。可以进入 CMOS 设置，将内存 Parity 奇偶校验选项关掉，即设置为 Disabled。不过一般来说，内存条有奇偶校验并且在 CMOS 设置中打开奇偶校验，这对计算机系统的稳定性是有好处的。

（3）3 短：系统基本内存（第 1 个 64K）检查失败。需更换内存。

（4）4 短：系统时钟出错。需维修或更换主板。

（5）5 短：中央处理器（CPU）错误，但未必全是 CPU 本身的错，也可能是 CPU 插座或其他地方有问题，如果此 CPU 在其他主板上正常，则错误在于主板。

（6）6 短：键盘控制器错误。如果是键盘没插上，应插好。如果键盘连接正常但有错误提示，则不妨换一个好的键盘尝试。否则就是键盘控制芯片或相关的部位有问题。

（7）7 短：系统实模式错误，不能切换到保护模式。属于主板错误。

（8）8 短：显示内存错误（显示内存可能损坏）。显卡上的存储芯片可能有损坏的。如果存储片是可插拔的，只要找出坏片并更换即可，否则显卡需要维修或更换。

（9）9 短：ROM BIOS 检验和错误。换同类型的 BIOS 尝试，如果证明 BIOS 有问题，可以采用重写甚至热插拔的方法试图恢复。

（10）10 短：CMOS shutdown register read/write（寄存器读/写）错误，需维修或更换主板。

（11）11 短：Cache memory（高速缓存）错误。

（12）1 长 3 短：内存错误。内存损坏需更换

（13）1 长 8 短：显示测试错误。显示器数据线松动或显示卡插不稳。

（三）Phoenix BIOS 告警响铃代码及说明

（1）1 短：系统正常启动。

（2）3 短：系统加电自检初始化（POST）失败。

（3）1 短 1 短 2 短：主板错误（主板损坏，请更换）。

（4）1 短 1 短 3 短：主板电池没电或 CMOS 损坏。

（5）1 短 1 短 4 短：ROM BIOS 校验出错。

（6）1 短 2 短 1 短：系统实时时钟有问题。

（7）1 短 2 短 2 短：DMA 通道初始化失败。

（8）1 短 2 短 3 短：DMA 通道页寄存器出错。

（9）1 短 3 短 1 短：内存通道刷新错误（问题范围为所有的内存）。

（10）1 短 3 短 2 短：基本内存出错（内存损坏或 RAS 设置错误）。

（11）1 短 3 短 3 短：基本内存错误（很可能是 DIMM0 槽上的内存损坏）。

（12）1 短 4 短 1 短：基本内存某一地址出错。

（13）1 短 4 短 2 短：系统基本内存（第 1 个 64K）有奇偶校验错误。

（14）1 短 4 短 3 短：EISA 总线时序器错误。

（15）1 短 4 短 4 短：EISA NMI 口错误。

（16）2 短 1 短 1 短：系统基本内存（第 1 个 64K）检查失败。

（17）3 短 1 短 1 短：第 1 个 DMA 控制器或寄存器出错。

（18）3 短 1 短 2 短：第 2 个 DMA 控制器或寄存器出错。

（19）3 短 1 短 3 短：主中断处理寄存器错误。

（20）3 短 1 短 4 短：副中断处理寄存器错误。

（21）3 短 2 短 4 短：键盘时钟有问题，在 CMOS 中重新设置成 Not Installed 来跳过 POST。

（22）3 短 3 短 4 短：显示卡 RAM 出错或无 RAM，不属于致命错误。

（23）3 短 4 短 2 短：显示器数据线松动或显示卡插不稳或显示卡损坏。

（24）3 短 4 短 3 短：未发现显示卡的 ROM BIOS。

（25）4 短 2 短 1 短：系统实时时钟错误。

（26）4 短 2 短 2 短：系统启动错误，CMOS 设置不当或 BIOS 损坏。

（27）4 短 2 短 3 短：键盘控制器（8042）中的 Gate A20 开关有错，BIOS 不能切换到保护模式。

（28）4 短 2 短 4 短：保护模式中断错误。

（29）4 短 3 短 1 短：内存错误（内存损坏或 RAS 设置错误）。

（30）4 短 3 短 3 短：系统第二时钟错误。

（31）4 短 3 短 4 短：实时时钟错误。

（32）4 短 4 短 1 短：串行口（COM 口、鼠标口）故障。

（33）4 短 4 短 2 短：并行口（LPT 口、打印口）错误。

（34）4 短 4 短 3 短：数字协处理器（8087、80287、80387、80487）出错。

（四）兼容 BIOS 告警响铃代码及说明

（1）1 短：系统正常。

（2）2 短：系统加电自检（POST）失败。

（3）1 长：电源错误，如果无显示，则为显示卡错误。

（4）1 长 1 短：主板错误。

（5）1 长 2 短：显卡错误。

（6）1 短 1 短 1 短：电源错误。

（7）3 长 1 短：键盘错误。

## 四、计算机的非致命性故障报警

计算机的非致命性故障是指计算机在启动过程中检测到一些非致命故障时可以暂时不管，继续让显示屏点亮再通过显示屏来报错。例如计算机开机后显示器屏幕上出现 "CMOS checksum error-Defaults loaded"，如图 10-4 所示。

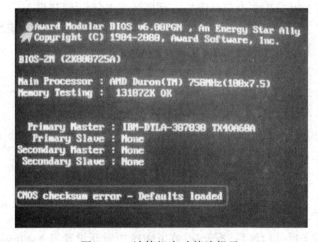

图 10-4　计算机启动故障提示

这时计算机就一直停在这个地方等待用户来解决故障，产生这个故障的原因可能有以下几种情况：

（1）计算机的主板上的 CMOS 电池没有电产生故障。

（2）计算机的主板上 CMOS 跳线安装不当或者没有安装产生故障。

（3）计算机的主板本身有问题产生故障。

对上面提出的几种原因进行分析，逐一排除，最终确定产生故障的原因，具体步骤如下：

（1）先把计算机关闭并断开主机的电源线，观察主板的 CMOS 跳线是否正确，如果路线不正常将跳回正常位置，开机后进入 CMOS 设置相关参数。

（2）若计算机主板上的 CMOS 跳线正常则更换主板上的电池，并设置 CMOS 相关参数。

（3）若更换主板上的 CMOS 电池故障依旧则是计算机的主板本身问题所产生故障。故障解决方法更换主板或者将主板送给专业人员维修。

一般情况下，出现 "CMOS checksum error-Defaults loaded" 是由于 CMOS 电池电量不足造成的，更换主板上的 CMOS 电池即可解决故障。

## 任务实施

### 一、任务场景

技术部小杨打开办公室的计算机时发现计算机无法启动，显示器屏幕是黑色的，没有提示信息，主机箱里有"1 长 1 短"的嘀嘀报警声音。他请李明检测故障点，并排除故障。

### 二、实施过程

计算机开机黑屏故障产生的原因有多种，需要通过主板诊断卡莱进行测试判断。具体维修步骤如下：

（1）先将计算机主机断开电源线，把主板诊断卡插入到主板 PCI 插槽上，开机观察主板诊断卡是否有代码变化，最后读出主板诊断卡的最终代码是"C1"。

（2）主板诊断卡的最终代码与主板诊断卡的代码表进行查询，确定主板诊断卡上显示代码具体含义。"C1"是表示内存自检。

（3）观察内存是否松动。将内存卸下观察内存金手指是否被氧化，如果是被氧化用橡皮擦处理一下，再把内存装回主板开机试机故障是否解决。

（4）如果故障依旧则更换一块好的内存开机尝试，故障是否得到解决，如果故障解决则是内存产生故障，解决方法更换一块好内存即可解决故障。

（5）若上述故障依旧，可以考虑更换计算机的主板，有可能是计算机的主板问题产生自检不过内存并报警指示"1 长 1 短"。

（6）此故障是因为主板上的内存金手指被氧化导致计算机的主板与内存接触不良产生故障并指示报警声音"1 长 1 短"。

## 任务小结

通过完成本次任务，读者应掌握使用硬件检测维修工具判断计算机故障点的方法，并根据故障的具体情况制订维修方案。

（1）掌握计算机硬件维修工具使用。

（2）掌握开机报警类故障的诊断及排除方法。

# 项目拓展实训

### 一、实训名称

计算机报警类故障的检测及维修。

### 二、实训目的

（1）熟练掌握维修工具的使用方法。

（2）能够根据报警信息判断出故障点，并排除故障。

### 三、实训条件

PC 机、主板诊断卡、计算机相关配件。

项目三 计算机常见故障检测与维修

### 四、实训内容

根据报警声初步判断出计算机的故障点，再使用主板诊断卡进行测试，根据显示的代码确定故障点，并使用正确的方法排除故障。

### 五、实训要求

（1）利用经验初步判断故障点。

（2）使用主板诊断卡确定故障点。

## 任务十一　开机无显示类故障检测与维修

### 任务提出

办公室的小张出差回来后打开计算机时，显示器一直是黑屏，没有显示任何信息。重启后显示器仍然没有显示。李明打电话给销售商，求助于计算机售后服务进行上门维修。

### 任务分析

在进行开机无显示类故障检测与维修之前，需要掌握以下知识：

（1）CPU 故障检测与维修。

（2）内存故障检测与维修。

（3）主板故障检测与维修。

（4）电源故障检测与维修。

（5）显卡故障检测与维修。

### 相关知识

#### 一、开机无显示类故障维修

**（一）故障现象**

一台计算机按下主机电源开关后，机箱上的电源指示灯亮，显示器屏幕没有任何显示。

机箱上的电源指示灯点亮说明主板有加电，产生此故障现象的原因主要有以下几种情况：

（1）计算机 CPU 产生的故障（CPU 出故障的几率不大，多半都是因为接触不良、超频、散热等原因造成的）。

（2）计算机的主板产生故障。

（3）计算机的内存产生故障。

（4）计算机的电源产生故障。

（5）计算机的显示卡产生故障。

**（二）故障分析及检测方法**

一般情况下，开机无显示类故障的检测方法按以下步骤进行：

首先检查计算机的外部接线是否接好，把各个连线重新插一遍，看故障是否排除。如果故障依旧，接着打开主机箱查看机箱内有无多余金属物，或主板变形造成的短路，闻一下机箱内有无烧焦的糊味，主板上有无烧毁的芯片，CPU 周围的电容有无损坏等。如果没有，接着清理主板上的灰尘，然后检查计算机是否正常。如果故障依旧，接下来拔掉主板上的 Reset 线及其他开关、指示灯连线，然后用螺丝刀短路开关，看能否能开机。如果还不能开机，就使用最小系统法，将硬盘、光驱的数据线拔掉，然后检查计算机是否能开机，如果显示器出现开机画面，则说明故障就在这几个设备中。接着再逐一把以上几个设备接入计算机，当接入某一个设备时，故障重现，说明故障是由此设备造成的，最后再重点检查此设备。

如果故障依旧，则故障可能由 CPU、内存、主板、显卡等设备引起。接着使用插拔法、交换法等方法分别检查内存、显卡、CPU 等设备是否正常，如果有损坏的设备，更换损坏的设备。如果内存、显卡、CPU 等设备正常，接着将 CMOS 放电，采用隔离法，将主板安置在机箱外面，接上内存、显卡、CPU 等进行测试，如果计算机能正常显示，接着再将主板安装到机箱内测试，直到找到故障原因。

### （三）故障解决方案

此故障是典型的开机无显示类故障，可以采用替换法来排除故障。原则上先替换故障率高的部件，具体操作如下：

（1）先代换电源，并开机测试故障是否消除。

（2）若故障解决则是电源产生故障，如果故障依旧则代换好的内存，开机测试故障是否消除。

（3）故障解决则是内存产生故障，如果故障依旧则代换好的 CPU，开机测试故障是否消除。

（4）此故障解决则是 CPU 故障产生，如果故障依旧则代换好的显卡，开机测试故障是否消除。

（5）此故障解决则是显卡故障产生，如果故障依旧则说明此故障在主板。可以进行更换或把主板送给专业技术人员检修。

## 二、电源故障维修

### （一）故障现象

一台组装机，在按下其主机电源开关后，电源指示灯不亮，计算机没有任何反映，如同没有按电源开头。

### （二）故障分析

机箱上的电源指示灯不亮，说明计算机主板没有工作。产生此故障现象的原因有以下几种：

（1）主板电源线插座产生的故障。

（2）电源线产生的故障。

（3）电源产生故障。

（4）开机按键产生故障。

（5）主板本身产生故障。

（6）其他板卡短路产生故障。

### （三）故障解决方案

（1）先把主板电源插座上线的电源线重新安装一次，开机测试能否正常开机。

（2）更换主机的电源，开机测试是否能开机。

（3）把主板上的开机线拔下，用镊子短接开机排针看能否正常开机。

（4）把主板上的其他板卡全部拔下，用镊子短接开机排针看能否正常开机。

（5）通过上面步骤还是不能解决故障，那是主板故障，建议更换或送维修。

项目 三 计算机常见故障检测与维修

### 三、显卡故障维修

**（一）故障现象**

一台组装机，按下主机电源开关后，系统无法启动，机箱上的电源指示灯亮，机箱内部发出一短一长"嘀—嘀"报警声。

**（二）故障分析**

根据一短一长"嘀—嘀"报警声可以判断出是由于显卡原因造成的故障。

**（三）故障解决方案**

先将显卡取下，观察看显卡金手指是否有氧化物，用橡皮擦进行处理，若故障依旧则更换一块好的显卡，开机进行测试，如果故障消除则有可能是显卡本身故障产生。

将有故障的显卡放到其他主板上进行测试，如果显示正常说明先前在安装显卡没有到位。如果不能正常显示说明显卡本身有问题，产生故障，建议更换或送修。

### 任务实施

### 一、任务场景

办公室的小张按下计算机主机电源开关后没有任何现象，计算机无法正常启动，李明打给销售商，求助于售后服务技术员处理此故障。

### 二、实施过程

技术员采用观察法和替换法相结合方法来解决此故障。具体维修步骤如下：

（1）先更换一条电源线进行测试。

（2）如果更换电源线后计算机还是无法开机，则说明和电源线没有关系。用万用表测量ATX电源第9脚是否有5 V电压输出，如果有5 V电压输出，则说明是电源可以正常输出，如果没有输出则说明电源有故障，需要更换电源。

（3）把主机的电源线断开，找到主板上的开机排针，将机箱上的电源开关线拔下，用镊子将开机排针短接看计算机主机能否开机。

### 任务小结

通过完成本次任务，读者应掌握如何使用万用表判断计算机故障和计算机开机没有反应故障维修。

（1）掌握使用万用表检测电源电压的方法。

（2）掌握开机无显示类故障的判断和排除方法。

# 项目拓展实训

### 一、实训名称

开机无显示故障的检测与维修。

## 二、实训目的

（1）熟悉开机无显示故障产生的原因。

（2）掌握开机无显示故障的检测步骤。

（3）掌握开机无显示故障维修方法。

## 三、实训条件

计算机维修工具（万用表、镊子）、计算机相关配件。

## 四、实训内容

根据开机无显示故障现象确定维修方案，并排除故障。

## 五、实训要求

制订一个计算机开机无显示故障的维修方案。

# 任务十二　系统出错类故障检测与维修

### 任务提出

李明的计算机在运行时经常莫名其妙弹出警告或错误对话框，要重新安装系统吗？如果重新安装系统的话，C 盘的资料就会丢失，而且还要安装应用软件，这让李明非常烦恼。

### 任务分析

在维修系统出错类故障之前，需要掌握以下知识点：

（1）计算机系统无法启动并报错的故障维修。

（2）计算机系统开机蓝屏故障维修。

（3）计算机系统报虚拟内存错误故障维修。

### 相关知识

## 一、计算机系统无法启动并报错故障维修

### （一）故障现象

一台组装机开机后，显示器上提示"因以下文件的损坏或者丢失，Windows 无法启动：\WINDOWS\SYSTEM32\CONFIG\SYSTEM"故障现象，如图 12-1 所示。

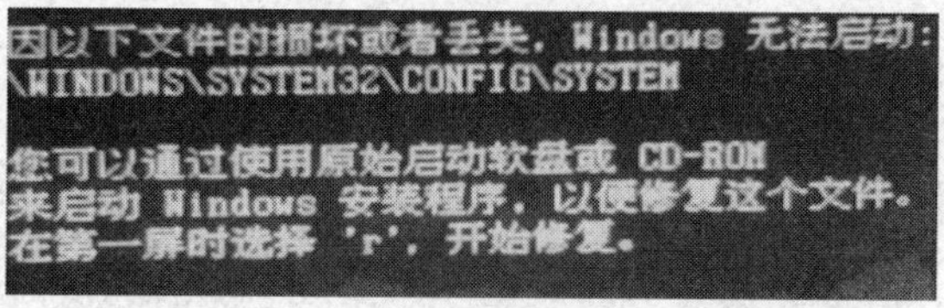

因以下文件的损坏或者丢失，Windows 无法启动：
\WINDOWS\SYSTEM32\CONFIG\SYSTEM

您可以通过使用原始启动软盘或 CD-ROM
来启动 Windows 安装程序，以便修复这个文件。
在第一屏时选择 'r'，开始修复。

图 12-1　计算机无法启动故障

（二）故障分析

此类故障有屏幕信息提示，产生此故障现象的原因有以下几种情况：

（1）计算机内存产生的故障。

（2）计算机硬盘产生的故障。

（3）计算机中病毒产生故障。

（4）计算机操作不当产生故障。

（三）故障解决方案

如果计算机偶然会出现此故障，很有可能是由于计算机中病毒或操作不当引起的，可以先利用杀毒软件进行查杀。再用文件复制方法进行系统修复。

如果计算机经常会出现此故障，很有可能是由于内存条接触不良或内存本身质量引起的，可以先把内存重新安装一次。若不能解决故障建议更换内存条后进行测试。如果更换内存条后还是不能解决问题，建议对硬盘进行坏道和质量检测，如有坏道可以尝试修复硬盘坏道。

当然，也可以先备份好重要文件后尝试重新安装操作系统。

## 二、计算机开机系统蓝屏故障维修

（一）故障现象

一台组装机在启动过程中显示器出现蓝屏故障，如图 12-2 所示。

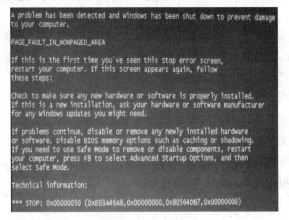

图 12-2　蓝屏故障

（二）故障现象

根据屏幕上显示蓝屏代码"0x0000050"可以确定此故障是由计算机的硬件原因引起的。产生此故障现象的原因有以下几种：

（1）计算机的硬盘产生的故障。

（2）计算机的内存产生的故障。

（3）计算机的 CPU 产生的故障。

（4）计算机的主板产生的故障。

（三）故障解决方案

该故障的检测比较复杂，一般采用替换法来维修。具体如下：

先重新启动计算机，如果显示器还是蓝屏并且蓝代码是一样，可以先考虑更换一块好的硬盘进行测试。

若更换硬盘后故障依旧，就替换内存条进行测试，如果开机计算机还是蓝屏，考虑替换计算机的 CPU。

如果开机计算机依旧是蓝屏故障，那个故障可能是由计算机的主板引起。

### 三、计算机虚拟内存报错故障维修

#### （一）故障现象

一台组装机在打开 QQ 软件时突然弹"内存不足"的信息框，如图 12-3 所示。

#### （二）故障分析

根据屏幕上报错信息，可以初步判断出此故障是由计算机的内存不足引起的，产生此故障现象的原因有以下几种：

图 12-3　内存不足故障

（1）计算机的内存产生的故障。

（2）计算机的内存容量较少产生的故障。

（3）计算机的操作系统设置产生的故障。

（4）计算机中病毒产生的故障。

#### （三）故障解决方案

此故障一般是软件故障，重新设定虚拟内存可以排除故障。设定虚拟内存步骤如下：

首先右击"我的电脑"，在弹出的快捷菜单中选择"属性"命令，单击"高级"选项卡，在"性能"栏中单击"设置"按钮，在弹出的"性能选项"对话框中对"虚拟内存"进行设置。最低设置为物理内存的 1.5 倍或 2 倍。如果内存是 1 GB，可以设置为 1 536 MB（1.5 倍），如果是 2 GB 的话，可以设置为 2 048MB。

### 一、任务场景

李明用 U 盘从朋友计算机上复制了一些资料到自己的计算机后，发现无法双击打开 D 盘，右击 D 盘弹出的菜单显示不正常，多了一个 Auto，如图 12-4 所示。

如果要打开 D 盘资料先要右击弹出快捷键选择"打开"命令才能打开 D 盘资料。不像以前双击就可以打开 D 盘的资料。请根据李明计算机故障现象确定维修方案。

### 二、实施过程

根据该现象可以判断出李明的计算机已经中病毒。有两种方法可以杀掉病毒。一种方法是：利用杀毒软件进行查找，然后采用系统修复软件修复系统即可解决故障。另一种方法是：采用逐步清除方法，具体步骤如下：

（1）开机按【F8】键，进入安全模式。

（2）依次打开"我的电脑"→"工具"→"文件夹选项"→"查看"，选中显示所有文件和文件夹，取消选

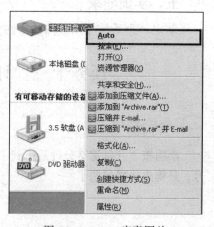

图 12-4　Auto 病毒图片

中"隐藏受保护的系统文件"复选框，让所有的文件都显示出来。

（3）右击打开 D 盘，可以看到 autorun.inf 文件夹，用记事本打开这个文件夹，里面有一个 open 指向的 exe 文件，记住这个 exe 文件，然后关闭记事本。

（4）接下来右击任务栏在弹出的快捷菜单中选择"任务管理器"命令，在打开的"任务管理器"窗口中单击"进程"选项卡，找到刚才的那个 exe 文件的进程，结束该进程，再到 D 盘下面，删除里面的 autorun.inf 和 open 指向的 exe 文件。

### 任务小结

通过完成本次任务，读者应掌握如何排除计算机病毒故障。

（1）熟悉了计算机中病毒产生故障的现象。
（2）掌握了杀毒软件的应用。
（3）掌握了计算机病毒的清除方法。

# 项目拓展实训

## 一、实训名称

系统报错故障的检测与维修。

## 二、实训目的

（1）熟悉系统报错故障现象。
（2）掌握系统出错故障的维修方法。
（3）能够根据要求确定系统出错故障的维修步骤。

## 三、实训条件

计算机及相关部件。

## 四、实训内容

根据系统报错故障现象确定检测方案，并排除故障。

## 五、实训要求

制定一个系统报错故障的维修方案。

# 任务十三　计算机外设故障检测与维修

### 任务提出

李明按下开机键 2 分钟后听到了系统启动时的声音，可是显示器屏幕还是黑屏，没有信号，是哪里出现问题了？

### 任务分析

维修外设类故障需要掌握以下知识：

（1）计算机显示器故障维修。

（2）计算机键盘故障维修。

### 相关知识

## 一、计算机显示器故障维修

### （一）故障现象

一台组装机，按下主机电源开关后，机箱上的电源指示灯亮，显示器指示灯变成绿色，可以看到操作系统启动画面，但是几分钟后显示器上的屏幕就变成黑屏，期间听到了系统启动的声音。

### （二）故障分析

开机可以听到进入系统的声音，说明主板工作正常，此故障可能是由显示器引起的。

### （三）故障解决方案

先把显示器上关闭几分钟再开显示器，看是否有画面出现，如果过几分钟又黑屏则是显示器本身产生故障，这时可以换一合显示器试试。

如果故障依旧，则有可能是显卡故障或主板本身产生故障，这时可以先替换一块好的显卡进行测试，如果还是没有显示，则说明是主板原因造成了故障。

## 二、计算机键盘故障维修

### （一）故障现象

一台联想计算机开机后显示器上显示"Keyboard error or no keyboard present"和"CMOS checksum error-Defaults Loaded"，计算机一直显示此画面无法继续往下运行，如图 13-1 所示。

### （二）故障分析

根据显示器上的提示信息可以判断出此故障是由键盘引起的。

### （三）故障解决方案

先把按住计算机开机键 3～5 秒关闭计算机，断开电源线后重新连接键盘，开机测试故障是否消除。

若按上述方法故障依旧，就找一个好的键盘进行替换，如果故障消除则说明是键盘故障，如果故障依旧，很可能是主板原因造成的故障。

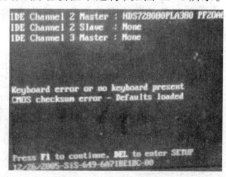

图 13-1　开机键盘故障

### 任务实施

## 一、任务场景

李明在正常使用计算机时，显示器突然没有信号。重启后显示器也没有信号，但能听到系统启动成功的声音。

## 二、实施过程

能听到系统启动成功的声音，说明系统没有问题，可能是显示器出现了故障。故障检测的具体步骤如下：

（1）强制关机后，先断电，再重新插拔显示器信号线和电源线。

（2）如显示器仍然不显示，可以更换信号线和电源线再次进行测试。

（3）如果还没有信号，可以考虑更换一台显示器进行测试。

### 任务小结

通过完成本次任务，读者应掌握检测显示器故障的方法和步骤。

# 项目拓展实训

## 一、实训名称

显示器故障的检测与维修。

## 二、实训目的

（1）掌握显示器故故障的检测方法。

（2）能够根据故障现象确定显示器故障的维修步骤。

## 三、实训条件

计算机、显示器（2 台）。

## 四、实训内容

根据显示器故障现象确定维修方案，并排除故障。

## 五、实训要求

制订一个显示器故障的维修方案。

# 任务十四　笔记本电脑常见故障检测与维修

### 任务提出

经理在出差时笔记本电脑开机无法正常显示图像，他找到当地的售后服务点，要求工程师尽快排除故障。

### 任务分析

对笔记本电脑进行检测与维修，需要掌握以下知识点：

（1）笔记本电脑开机无反应故障维修。

（2）笔记本电脑开机黑屏故障维修。

（3）笔记本电脑开机花屏故障维修。

### 相关知识

## 一、笔记本电脑开机无反应故障维修

### （一）故障现象

一台某型号的笔记本按笔记本电源开关，笔记本电脑开机没有反应，电源指示灯也不亮，并且表现为黑屏。

### （二）故障分析

笔记本电脑开机没有任何反应，即电源指示灯和屏幕都没有变化，产生此故障的原因有以下几种：

（1）电源适配器产生故障。

（2）电池产生故障。

（3）主板产生故障。

（4）显示屏产生故障。

### （三）故障解决方案

先用万用表测量电源适配器的输出电压是否符合标准，如果测量的电压不正常，则是电源适配器故障产生故障。

若电源适配器输出电压正常则将电池拆下，用万用表测量电池的电压是否正常，如果无输出有可能是电池有故障产生笔记本无法开机故障。

把笔记本电脑的电池卸下再接上电源适配器，看能否开机。因为有可能电池与主板接触不良导致笔记本电脑无法正常开机。

若笔记本电脑故障依旧则可能是笔记本电脑主板产生故障。

## 二、笔记本电脑开机黑屏故障维修

### （一）故障现象

一台某型号的笔记本按笔记本电源开关，笔记本电脑开机后电源指示灯亮，但是硬盘指示灯没有任何反应，并且表现为黑屏。

### （二）故障分析

笔记本电脑开机电源指示灯亮，说明电源适配器和主板上的开机电路没有问题。硬盘指示灯没有反应说明笔记本电脑主板没有检测过硬盘。产生此故障的原因有以下几种：

（1）电源适配器产生故障。

（2）主板产生故障。

（3）内存产生故障。

（4）屏幕产生故障。

### （三）故障解决方案

先用万用表测量电源适配器的输出电压是否符合标准，如果测量的电压不正常则是电源

项目三 计算机常见故障检测与维修

适配器故障产生故障。

若电源适配器输出电压正常，则将笔记本电脑的电池拆下，按几次开机按键，放掉笔记本电脑多余的电量，用螺丝刀打开笔记本后盖拆下内存，察看内存的金手指是否被氧化，用橡皮擦处理一下，再将内存安装好开机测试。如果故障还存在，则更换一个内存，再进行测试。

如果更换内存之后故障依旧存在，则可能是电脑主板故障导致开机黑屏。

### 三、笔记本电脑开机花屏故障维修

#### （一）故障现象

一台某型号的笔记本电脑在使用过程中，屏幕显示不正常，出现花屏现象，如图 14-1 所示。

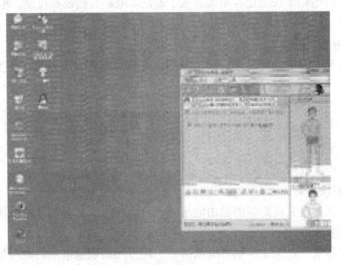

图 14-1　花屏故障

#### （二）故障分析

笔记本电脑的花屏故障产生的原因有以下几种：

（1）笔记本电脑主板产生故障。

（2）笔记本电脑显示屏产生故障。

（3）笔记本电脑显示屏线产生故障。

#### （三）故障解决方案

先用螺丝刀把笔记本电脑后盖拆开，察看屏线是否松动，如果屏线松动，就重新把屏线安装一次。

若屏线完好，就将显示屏拆下，通过点屏配板测试屏幕本身质量，如果通过测试，则故障可能是由主板引起的。

如果笔记本电脑的显示屏有问题可以更换一块型号一样笔记本电脑显示屏。

如果笔记本电脑故障依旧，则说明故障在笔记本电脑主板上。

### 任务实施

### 一、任务场景

经理用笔记本电脑播放一个视频文件时，图像显示正常，但声音不正常。该视频文件在其他笔记本电脑上播放时图像和声音均正常，李明请来技术员来检测排除故障。

## 二、实施过程

笔记本电脑播放视频文件时声音出现异常，可以采用先软后硬的维修方法来排除此故障。具体步骤如下：

（1）先用笔记本电脑播放音频文件，尝试播放音乐后的声音是否正常，如果正常，可能是播放器产生故障。

（2）如果不正常，笔记本电脑可能有故障。可以接入一个的耳机进行测试，如果接入耳机后，声音正常的话说明是笔记本电脑内部的扬声器有故障。

（3）如果接入耳机播放音乐还是有问题，可以查看笔记本电脑声卡设置是否有问题，如果设置有问题可以更改相关设置参数。

（4）设置声卡参数后仍然有问题，就重新安装声卡驱动程序。

（5）如果故障仍旧，则是主板上的声卡出现了故障。

### 任务小结

通过完成本次任务，读者应掌握如何排除笔记本电脑常见故障。

（1）掌握笔记本电脑常见故障的类型。

（2）掌握笔记本电脑常见故障维修方法。

（3）掌握笔记本电脑维修步骤。

# 项目拓展实训

## 一、实训名称

笔记本电脑故障的检测与维修。

## 二、实训目的

（1）熟悉笔记本电脑常见故障现象。

（2）掌握笔记本电脑常见故障的维修方法。

（3）能够根据要求确定笔记本电脑故障的维修步骤。

## 三、实训条件

笔记本电脑、耳机、U 盘、笔记本电脑驱动程序软件等。

## 四、实训内容

根据笔记本电脑常见故障现象确定维修方案，并排除故障。

## 五、实训要求

制订一个笔记本电脑故障的维修方案。

项目三 计算机常见故障检测与维修

项 目 四

➡ 计算机调试和操作

某天，李明开机后发现双击无法打开分区 D 盘，回忆上一次关机之前计算机中过一次病毒，但已经清除，后分析原因，有可能是注册表被篡改了，通过修改注册表，解决了 D 盘双击无法打开的问题。

本项目将从解决计算机系统出现的问题出发，介绍注册表、组策略、虚拟机等计算机调试方法。主要学习知识：

（1）掌握注册表的作用，用注册表解决简单的系统问题。

（2）掌握组策略的应用。

（3）了解虚拟机的应用。

（4）掌握常用网络下载工具软件的使用。

### 学习目标

（1）掌握计算机的基本组成。

（2）掌握计算机硬件的主要功能及性能指标。

## 任务十五　注册表的应用

### 任务提出

根据李明计算机系统出现的问题，通过修改注册表解决问题。

### 任务分析

在通过注册表解决问题之前，需要掌握以下知识点：

（1）注册表的概念。

（2）注册表的访问方法。

（3）注册表的基本操作方法。

（4）注册表的备份与恢复。

### 相关知识

### 一、认识注册表

个人计算机及其操作系统的一个特点就是允许用户按照自己的要求对计算机系统的硬件

和软件进行各种各样的配置，而注册表就是存储这些配置信息的数据库。在以前很早的图形操作系统中，对软硬件工作环境的配置是通过对扩展名为.INI 的文本文件进行修改来完成的，且每种设备或应用程序都得有自己的 INI 文件，文件数量较多，难以管理，为了克服上述这些问题，在 Windows 95 及更高版本操作系统中，采用了一种叫做"注册表"的数据库来统一进行管理，将各种信息资源集中起来并存储各种配置信息。

**（一）什么是注册表**

Windows 的注册表（Registry）实质上是一个庞大的数据库，它主要存储了以下内容：

（1）软、硬件的有关配置和状态信息。

（2）应用程序和资源管理器外壳的初始条件、首选项和卸载数据。

（3）计算机的整个系统的设置和各种许可。

（4）文件扩展名与应用程序的关联，硬件的描述、状态和属性。

（5）计算机性能记录和底层的系统状态信息，以及各类其他数据。

在 Windows 9x 时代，注册表由两个文件组成：System.dat 和 User.dat，到了 Windows 2000 和 Windows XP 之后，注册表文件变成 2 个部分共 6 个文件组成。

第一部分由 5 个文件组成，分别是 DEFAULT、SAM、SECURITY、SOFTWARE 和 SYSTEM，记录系统硬件和软件的设置，保存在"C:\WINDOWS\system32\config"文件夹中，如图 15-1 所示。

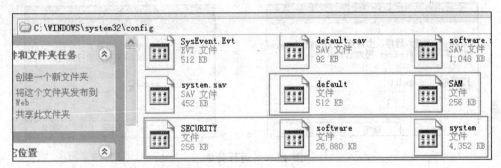

图 15-1　注册表软、硬件配置文件

第二部分只有一个隐藏文件构成，文件名为 NTUSER.dat，保存着与用户有关的信息，保存在"C:\Documents and Settings\"用户名 文件夹下，如图 15-2 所示。

图 15-2　注册表用户设置文件

**（二）访问注册表**

因为注册表涉及的文件较多，为了方便用户查看和编辑注册表，Windows 为用户提供了一个注册表编辑器（regedit.exe）工具，它可以用来查看和维护注册表。

操作系统里面有 3 种方式可以打开注册表编辑器。

（1）直接找到 regedit.exe 可执行文件并双击运行，如图 15-3 所示。

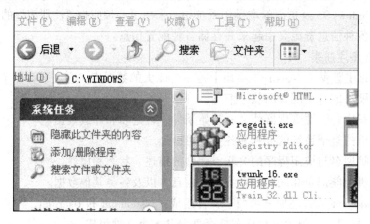

图 15-3　注册表编辑器程序

（2）通过"开始"→"运行"命令，在"运行"文本框中输入 regedit 或 regedt32 命令，单击"确定"按钮，也可以打开注册表编辑器，如图 15-4 所示。

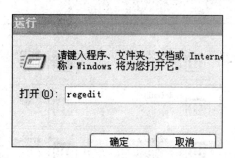 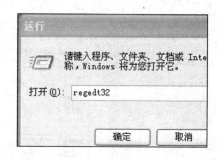

图 15-4　运行菜单

（3）通过"开始"→"命令提示符"命令，在打开的"命令提示符"窗口中输入 regedit 命令，也可以打开注册表编辑器，如图 15-5 所示。

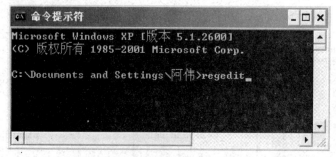

图 15-5　"命令提示符"窗口

通过以上 3 种方法，均可以打开注册表编辑器的界面，如图 15-6 所示。

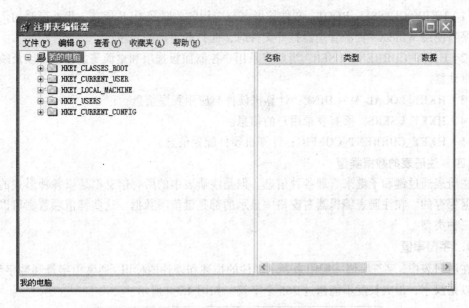

图 15-6　注册表编辑器界面

**（三）注册表的基本结构**

注册表编辑器与资源管理器的界面相似。左边窗格中，由"我的电脑"开始，以下是 6 个分支，每个分支名都以 HKEY 开头，称为主键，展开后可以看到主键还包含次级主键。当单击某一主键或次级主键时，右边窗格中显示的是所选主键内包含的一个或多个键值（value）。键值由键值名称和数据组成。主键中可以包含多级的次级主键，注册表中的信息就是按照多级的层次结构组织的。每个分支中保存计算机软件或硬件设备中某一方面的信息与数据。具体结构如图 15-7 所示。

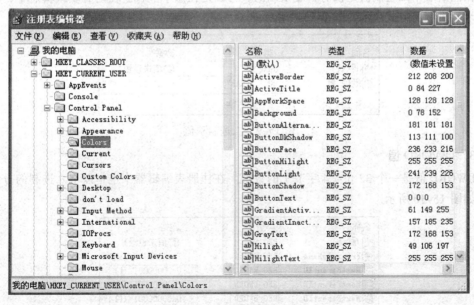

图 15-7　注册表编辑器结构

注册表中各个分支的功能如下：

（1）HKEY_CLASSES_ROOT：文件扩展名与应用的关联及 OLE 信息。此处存储的信息可以确保当使用 Windows 资源管理器打开文件时，能打开正确的程序。

（2）HKEY_CURRENT_USER：当前登录用户控制面板选项和桌面等的设置，以及映射的网络驱动器。

（3）HKEY_LOCAL_MACHINE：计算机硬件与应用程序信息。

（4）HKEY_USERS：所有登录用户的信息。

（5）HKEY_CURRENT_CONFIG：计算机硬件配置信息。

### （四）注册表的数据类型

注册表通过键和子键来管理各种信息。但是注册表中的所有信息都是以各种形式的键值项数据保存的。在注册表编辑器右窗格中显示的都是键值项数据。这些键值项数据可以分为以下三种类型：

#### 1. 字符串值

在注册表中，字符串值一般用来表示文件的描述和硬件的标识。通常由字母和数字组成，也可以是汉字，最大长度不能超过 255 个字符，如图 15-8 所示。

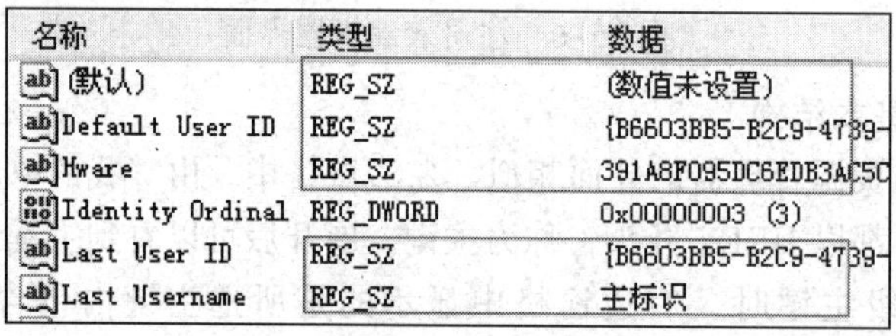

| 名称 | 类型 | 数据 |
| --- | --- | --- |
| (默认) | REG_SZ | (数值未设置) |
| Default User ID | REG_SZ | {B6603BB5-B2C9-4739- |
| Hware | REG_SZ | 391A8F095DC6EDB3AC5C |
| Identity Ordinal | REG_DWORD | 0x00000003 (3) |
| Last User ID | REG_SZ | {B6603BB5-B2C9-4739- |
| Last Username | REG_SZ | 主标识 |

图 15-8　字符串项值

#### 2. 二进制值

在注册表中二进制值是没有长度限制的，可以是任意字节长。在注册表编辑器中，二进制以十六进制的方式表示，如图 15-9 所示。

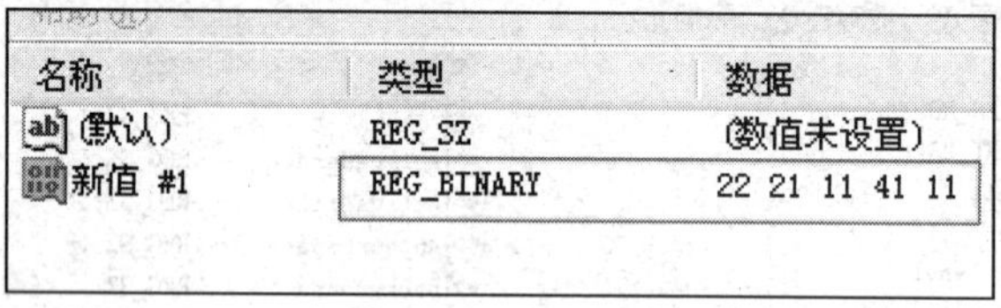

| 名称 | 类型 | 数据 |
| --- | --- | --- |
| (默认) | REG_SZ | (数值未设置) |
| 新值 #1 | REG_BINARY | 22 21 11 41 11 |

图 15-9　二进制项值

#### 3. DWORD 值

DWORD 值是一个 32 位（4 字节）的数值。在注册表编辑器中也是以十六进制的方式表示，如图 15-10 所示。

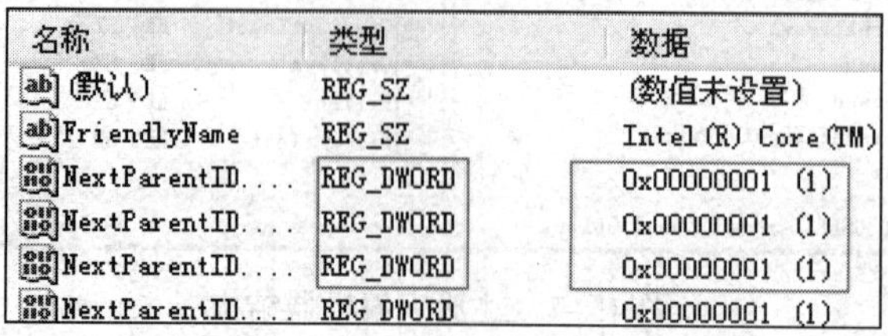

| 名称 | 类型 | 数据 |
| --- | --- | --- |
| (默认) | REG_SZ | (数值未设置) |
| FriendlyName | REG_SZ | Intel(R) Core(TM) |
| NextParentID.... | REG_DWORD | 0x00000001 (1) |
| NextParentID.... | REG_DWORD | 0x00000001 (1) |
| NextParentID.... | REG_DWORD | 0x00000001 (1) |
| NextParentID.... | REG_DWORD | 0x00000001 (1) |

图 15-10　DWORD 类型项值

## 二、注册表编辑器的基本操作

注册表记录了计算机软、硬件的各种信息和用户设置信息，可以通过修改注册表来改变操作系统中软件和硬件的运行情况，对操作系统的维护有不可估量的作用。

### （一）建立键和键值

隐藏驱动器是一种比较好的保护数据的措施，下面利用编辑注册表隐藏指定的驱动器来学习如何建立键和键值。

（1）打开注册表编辑器，并选择 HKEY_CURRENT_USER / Software / Microsoft / Windows / CurrentVersion / Policies / Explorer 键，如图 15-11 所示。

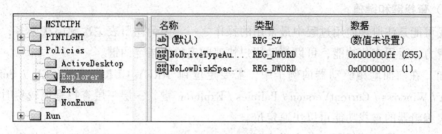

图 15-11　选定指定键

（2）右击 Explorer 键，在弹出的快捷菜单中选择"新建"→"DWORD 值"命令，新建一个类型为 DWORD 值项，命名为 NoDrives，如图 15-12 所示。

（3）双击创建的 NoDrives 值项，在弹出的"编辑 DWORD 值"对话框的"数值数据"文本框中输入数值，并在"基数"选项组中选择"十六进制"单选按钮，（将输入的数值转换成二进制，计算机盘符总共是 A～Z 共 26 个字母，分别对应二进制 26 位，1 则表示隐藏。例如，输入数值 8，转换成二进制就是 1000，第 4 位为 1，代表字母 D，则隐藏 D 盘，依此类推，要隐藏 E 盘，则二进制表示为 10000，转换成 10 进制数值就是 16）如图 15-13 所示。

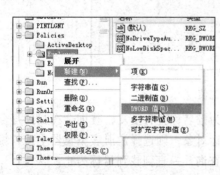

图 15-12　创建 NoDrives 键值项

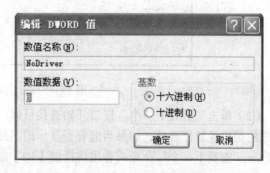

图 15-13　输入数值数据

（4）设置完毕后，重启计算机即可发现，驱动器 D 已经隐藏。

### （二）修改、删除键和键值

修改和删除操作非常简单，只需要对着指定的键值项右击，即可对指定的选项进行修改，例如，将隐藏的驱动器 D 再次显示出来，只需要将刚刚建立的 NoDriver 值项删除即可，如图 15-14 所示。

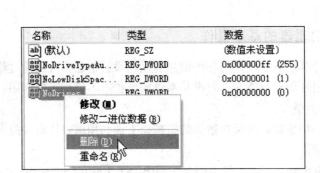

图 15-14　删除项值

**（三）查找键和键值**

查找可能是注册表使用过程中最常用的操作之一，因为注册表主次键层次繁多，寻找起来十分费力，运用查找功能，可以帮助用户快速的定位到指定的键。

例如，在前面隐藏驱动器的例子中，需要定位到 HKEY_CURRENT_USER / Software / Microsoft / Windows / CurrentVersion / Policies / Explorer 键，一层一层查找是比较费时的，利用注册表编辑器的查找功能可以快速定位。

（1）打开注册表编辑器，将主键定位在 HKEY_CURRENT_USER，选择"编辑"→"查找"命令，打开"查找"对话框，并在"查找目标"文本框中输入 Explorer，同时，为了提高查询速度，在"查看"选项中指定要查找的目标类型，这里 Explorer 属于"项"，并选中"全字匹配"复选框，这样只查找完全匹配的目标，如图 15-15 所示。

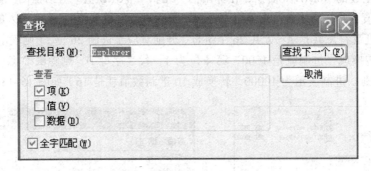

图 15-15　查找键和键值

（2）单击"查找下一个"按钮开始查找目标，因为键名称会有重复，查询会在找到符合要求的键位置暂停查找，如果当前着重显示的不是目标对象，则选择注册表编辑器中的"编辑"→"查找下一个"命令或者用快捷键【F3】继续查询，一直到找到目标为止。

## 三、注册表的备份与恢复

如果注册表遭到破坏，Windows 将不能正常运行，为了确保 Windows 系统安全，必须经常备份注册表。Windows 每次正常启动时，都会对注册表进行备份，将备份的文件存放在 Windows 所在的文件夹中，属性为系统和隐藏。

**（一）注册表损坏后的常见现象**

（1）系统无法启动。例如，启动程序时出错或者报内存不足，无法启动 SHELL32.DLL。

（2）结束对话框后系统死机。

（3）无法运行合法的应用程序。

（4）应用程序无法正常运行。

（5）找不到相应的文件。

**（二）损坏注册表的常见途径**

（1）应用程序错误。

（2）驱动程序不兼容。

（3）使用了错误的驱动程序。

（4）应用程序在注册表中添加了错误的内容。

（5）应用程序添加了错误的数据文件和应用程序之间的关联。

（6）计算机中病毒。

（7）计算机非正常断电。

（8）计算机硬件损坏。

（9）用户手工修改注册表。

**（三）注册表的导入与导出**

用户在修改注册表之前，应该对注册表先进行备份，以保证系统安全。注册表编辑器提供了导入和导出功能。

（1）导出：启动注册表编辑器，选择"文件"→"导出"命令，并在弹出的保存对话框中选择"全部"单选按钮，设置保存的路径，保存的文件为*.reg，可以用任意文本编辑器进行编辑，如图 15-16 所示。

图 15-16　导出注册表

（2）导入：导入与导出刚好是相反操作。启动注册表编辑器，选择"文件"→"导入"命令即可。

## 任务实施

### 一、任务场景

某天，李明开机后，发现双击无法打开分区 D 盘，回忆上一次关机之前电脑中过一次病毒，但已经清除，后分析原因，有可能是注册表被篡改了，通过修改注册表，解决 D 盘双击无法打开的问题。

### 二、实施过程

（1）打开注册表编辑器。

（2）利用编辑器查找功能，查找 Explorer 项名，将键定位到 HKEY_CURRENT_USER / Software / Microsoft / Windows / CurrentVersion / Policies / Explorer。单击此键，发现右侧有一个名为"NoViewOnDrive"的项，且值为 DWORD 类型，如图 15-17 所示。

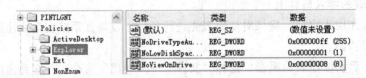

图 15-17　病毒注入的键值

（3）删除找到的 NoViewOnDrive 键值，重启计算机后 D 盘可恢复访问。

## 任务小结

通过完成本次任务，读者应掌握如何操作注册表。

（1）掌握注册表的查询和修改。

（2）掌握注册表的备份和导入。

# 项目拓展实训

### 一、实训名称

使用注册表禁止运行指定的程序。

### 二、实训目的

（1）了解注册表的作用。

（2）掌握注册表的结构。

（3）掌握注册表的操作方法。

### 三、实训条件

装有 Windows XP 系统的计算机。

## 四、实训内容

通过修改注册表，禁止计算机中指定的程序运行。

## 五、实训要求

（1）禁止"开始"→"程序"→"附件"下的计算器运行。

（2）禁止"开始"→"程序"→"附件"下的记事本运行。

# 任务十六　组策略的应用

## ✔任务提出

公司财务部和销售部都购买了计算机，希望建立对等网连接，实现一些网络资源的共享。李明凭借自己的网络知识，设置好了网络参数，可是最后两台计算机始终无法互相访问，李明经过反复检查，发现网络设置没有问题，而是组策略里面的选项没有启用，需要通过设置组策略，解决对等网中计算无法互相访问的问题。

## 任务分析

在通过注册表解决问题之前，需要掌握以下知识点：

（1）组策略的概念。

（2）组策略的访问方法。

（3）组策略编辑器的基本结构。

（4）组策略编辑器的基本操作。

## 相关知识

## 一、认识组策略

通过上一节注册表知识的讲解，用户可以通过操作注册表来改变系统软件和应用软件的配置数据。但随着 Windows 操作系统功能越来越丰富，注册表里的配置项目也越来越多，如果用户是手工配置，效率会非常低下。而组策略的出现，降低了用户操作的难度，提高了配置的效率。

### （一）什么是组策略

组策略是管理员为用户和计算机定义并控制程序、网络资源及操作系统行为的主要工具。通过使用组策略可以设置各种软件、计算机和用户策略。简单的说，组策略就是修改注册表中的配置。当然，组策略使用自己更完善的管理组织方法，可以对各种对象中的设置进行管理和配置，远比手工修改注册表方便、灵活，功能也更加强大。

那组策略与注册表的关系到底是什么呢？通俗的说，组策略是另外一种简单的注册表编辑器，同时提供更加容易操作的图形界面。通过组策略实现的结果，用注册表一定可以实现，但通过修改注册表实现的结果用组策略却未必能实现。一句话概括：组策略是实施过程，注册表是实施结果。

（二）访问本地组策略

访问本地组策略有两种方法可以实现，第一种方法是命令行方式；第二种方法是通过在 MMC 控制台中选择组策略编辑器来实现。

1. 通过命令行方式访问本地组策略

选择"开始"→"运行"命令，在"运行"对话框的"打开"文本框中输入 gpedit.msc，然后单击"确定"按钮即可启动组策略编辑器，如图 16-1 所示。

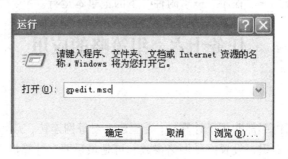

图 16-1　组策略命令

2. 通过 MMC 控制台访问本地组策略

（1）选择"开始"→"运行"命令，在"运行"对话框的"打开"文本框中输入 mmc，然后单击"确定"按钮。打开 Microsoft 管理控制台窗口，如图 16-2 所示。

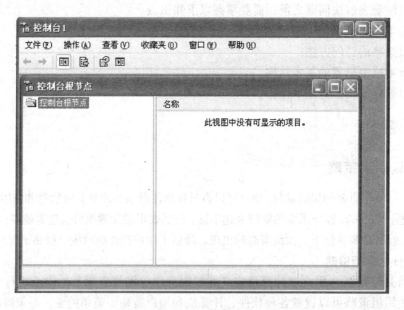

图 16-2　控制台

（2）选择"文件"→"添加/删除管理单元"命令，并在"添加/删除管理单元"窗口的"独立"选项卡中，单击"添加"按钮，如图 16-3 所示。

（3）在弹出的"添加独立管理单元"对话框中的"可用的独立管理单元"列表中选择"组策略对象编辑器"选项，单击"添加"按钮，如图 16-4 所示。

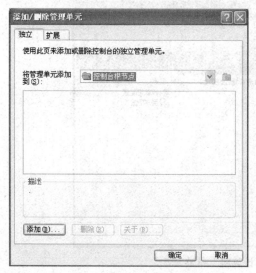

图 16-3 添加/删除管理单元        图 16-4 添加独立管理单元

（4）由于是将组策略应用到本地计算机中，故在"选择组策略对象"对话框中选择"本地计算机"，或通过单击"浏览"按钮查找所需的组策略对象，单击"完成"按钮，如图 16-5 所示。

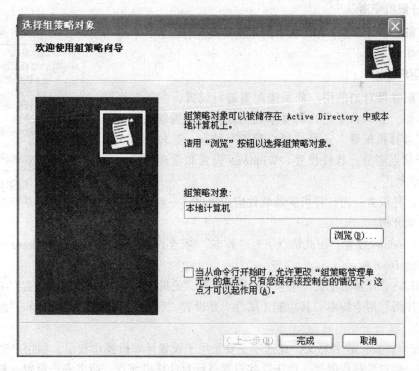

图 16-5 选择组策略对象

（5）继续单击"关闭"和"确定"按钮，即可在控制台中打开组策略编辑器，如图 16-6 所示。

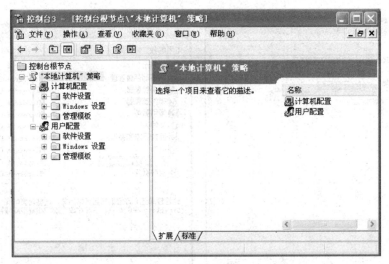

图 16-6 "本地计算机"策略

**（三）组策略编辑器的基本结构**

在打开的组策略窗口中，可以发现左侧窗格中是以树状结构给出的控制对象，右侧窗格中则是针对左边某一配置可以设置的具体策略。左侧控制对象主要分成了计算机配置和用户配置两部分，如图 16-6 所示。

**1. 计算机配置**

计算和配置可对整个计算机中的系统配置进行设置，它对当前计算机中所有用户的运行环境都起作用。

**2. 用户配置**

用户配置可对当前用户的系统配置进行设置，它仅对当前用户起作用，如果换了用户名登录，则原来的设置就无效了。无论是"计算机配置"还是"用户配置"结点，都包含了 3 个相同的子结点部分：软件设置、Windows 设置和管理模板，如图 16-7 所示。

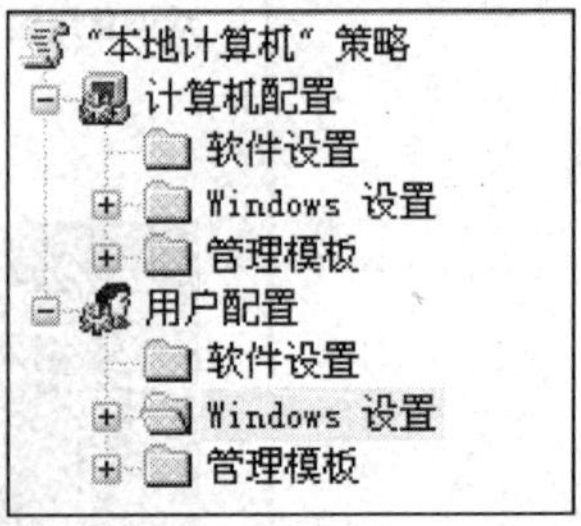

图 16-7 组策略配置结构

（1）软件设置：向计算机安装软件应用程序。一般情况下，此结点内容是空的，所以这里暂时不做介绍。

（2）Windows 设置：在此结点下有"脚本""安全设置"和"Internet Explorer 维护"三个结点，如图 16-8 所示。

① 脚本："计算机配置"中包含"启动"和"关机"两个脚本，"用户配置"中包含"登录"和"注销"两个脚本，其功能（属性）是设置"启动""关机""登录"和"注销"时的桌面背景。

② 安全设置：顾名思义，此选项主要是用于设置计算机操作权限，如用户密码，网络访问权限，用户登录权限等。由于这些设置是针对计算机而言，所以安全设置一般在"计算机配置"结点下设置，而"用户配置"中却没有什么实际的内容。

③ Internet Explorer 维护：此结点主要是针对用户 IE 浏览器的个性化功能设置，在"计算机配置"结点下没有此结点。

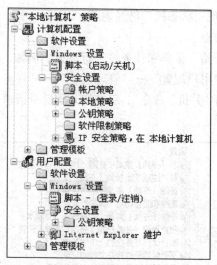

图 16-8　组策略安全设置

（3）管理模板：此结点是组策略的重要组成部分，也是组策略编辑器中最常用的部分，它们为组策略管理项目提供策略信息，用户对操作系统的各种个性设置大部分都在此结点中，共包含 Windows 组件、任务栏和[开始]菜单、桌面、控制面板、共享文件夹、网络和系统 7 个部分。

## 二、组策略编辑器的基本操作

组策略编辑器中，管理模板部分是用户操作最频繁的部分，也是组策略中选项最多的一部分，下面将有针对性地介绍管理模板中的选项。

### （一）Windows 组件

此模块里共包含了 14 个子结点，主要是针对 windows 操作系统中的组件进行设置。例如，IE 浏览器是组件之一，现在要将 IE 浏览器的状态栏隐藏起来，可展开"用户配置"→"管理模板"→"Windows 组件"→"Internet Explorer"→"工具栏"，在右侧的窗口中找到"隐藏状态栏"选项，双击此选项，在弹出的属性对话框中选择"已启用"单选按钮，单击"确定"按钮即可，如图 16-9 所示。

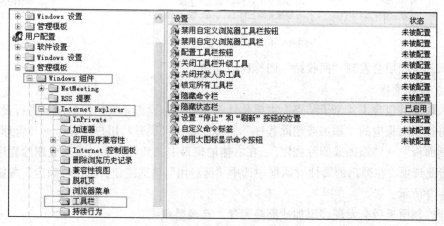

图 16-9　隐藏 IE 状态栏

项目四　计算机调试和操作

打开 IE 浏览器后会发现"状态栏"已经隐藏。

**（二）任务栏和[开始]菜单**

此模块主要是针对"开始"菜单和任务栏进行设置。例如，将"开始"菜单中的"关闭计算机"命令隐藏，展开"用户配置"→"管理模板"→"任务栏和[开始]菜单"，在右侧窗口中找到"删除和阻止访问'关机'命令"，双击打开属性对话框，启用此选项，单击"确定"按钮即可，如图 16-10 所示。

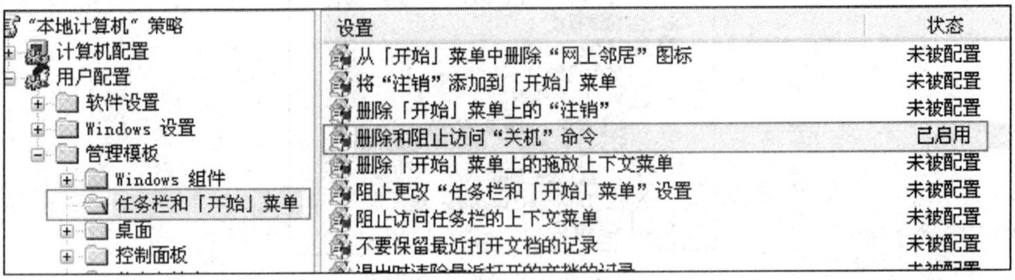

图 16-10　删除"关机"命令

打开"开始"菜单后会发现"关机"命令已经隐藏。

**（三）桌面**

此模块里共包含了 2 个子结点，主要是针对 Windows 操作系统的桌面进行设置。例如，要删除桌面"我的电脑"、"网上邻居"图标非常容易，可如何删除掉桌面的"回收站"图标呢？展开"用户配置"→"管理模板"→"桌面"，在右侧的窗口中找到"从桌面删除'回收站'图标"选项，双击此选项，在弹出的属性对话框中选中"已启用"单选按钮，单击"确定"按钮即可，如图 16-11 所示。

图 16-11　隐藏"回收站"图标

返回到桌面后会发现"回收站"图标已经隐藏。

**（四）控制面板**

此模块里共包含了 4 个子结点，主要是针对 Windows 操作系统的控制面板进行设置。例如，要将控制面板中的"添加或删除程序"图标隐藏，可展开"用户配置"→"管理模板"→"控制面板"→"添加或删除程序"，在右侧的窗口中找到"删除'添加或删除程序'"选项，双击此选项，在弹出的属性对话框中选中"已启用"单选按钮，单击"确定"按钮即可，如图 16-12 所示。

打开控制面板后会发现"添加或删除程序"已经隐藏。

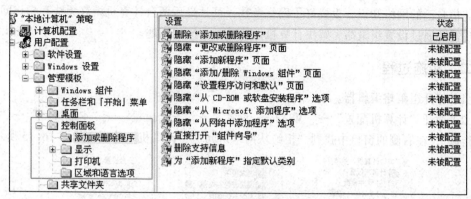

图 16-12　隐藏"添加或删除程序"

## （五）系统

此模块里共包含了7个子结点，主要是针对不同系统组件设置的相关配置。此模块中设置选项很多，例如，注册表编辑器是十分重要的工具，不应该让其他用户随意访问，所以需要将注册表编辑器禁用，展开"用户配置"→"管理模板"→"系统"，在右侧的窗口中找到"阻止访问注册表编辑工具"选项，双击此选项，在弹出的属性对话框中选中"已启用"单选按钮，单击"确定"按钮即可，如图16-13所示。

图 16-13　禁用注册表编辑器

再次访问注册表编辑器会弹出如图16-14所示的提示框。

图 16-14　提示框

### 任务实施

## 一、任务场景

公司财务部和销售部都购买了计算机，希望建立对等网连接，实现一些网络资源的共享。

李明凭借自己的网络知识，设置好了网络参数，可是最后两台计算机始终无法互相访问，李明发现需要通过设置组策略，解决计算机无法互相访问的问题。

## 二、实施过程

（1）打开组策略编辑器。

（2）展开"计算机配置"→"Windows 设置"→"安全设置"→"本地策略"→"用户权利指派"，在右侧的窗口中找到"拒绝从网络访问这台计算机"选项，如图 16-15 所示。

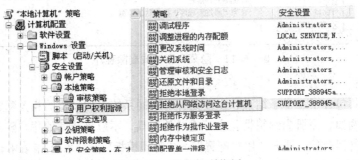

图 16-15 用户权利指派

（3）双击该选项，在弹出的属性对话框中，将 Guest 值从对话框中的"本地安全设置"选项卡中删除，单击"确定"按钮即可，如图 16-16 所示。

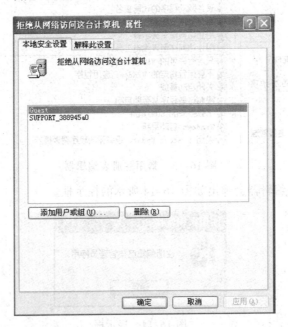

图 16-16 删除 Guest 值

（4）关闭组策略，问题即可解决。

### 任务小结

通过完成本次任务，读者应掌握如何操作组策略。

（1）掌握组策略的作用。

（2）掌握组策略的结构。

（3）掌握组策略的使用方法。

# 项目拓展实训

## 一、实训名称

使用组策略禁止所有驱动器自动运行功能。

## 二、实训目的

（1）了解组策略的作用。

（2）掌握组策略的结构。

（3）掌握组策略的操作方法。

## 三、实训条件

装有 Windows XP 系统的计算机。

## 四、实训内容

通过修改组策略，禁止计算机中指定的程序运行。

## 五、实训要求

（1）禁止光驱自动运行。

（2）关闭光驱以外的其他驱动器自动运行功能。

# 任务十七　虚拟机的应用

### 任务提出

　　李明使用的某款专业软件只能在 Windows XP 系统下运行，而他的计算机只安装了 Windows 7 无法安装该软件。他打算在计算机中加装一个 Windows XP 系统。公司小刘知道此事后建议李明不用加装 Windows XP 系统，只需在 Windows 7 系统下安装虚拟机软件，就能实现与 Windows XP 系统等同的效果。

### 任务分析

　　在安装虚拟机软件之前，需要掌握以下知识点：

（1）虚拟机的概念。

（2）流行虚拟机介绍。

（3）VMware Workstation 虚拟机的特点。

相关知识

## 一、虚拟机的概念

虚拟机（Virtual Machine）指通过软件模拟的具有完整硬件系统功能的、运行在一个完全隔离环境中的完整计算机系统，它和真正的计算机一样，可以安装操作系统、应用程序，能够连接到互联网，访问网络资源。

对于用户而言，虚拟机只是运行在物理计算机上的一个应用程序。但是对于在虚拟机中运行的应用程序而言，它就是一台真正的计算机。因此，虚拟机在运行过程中有可能会崩溃，不过崩溃的只是虚拟机上的操作系统，而不是物理计算机上的操作系统。

## 二、流行虚拟机介绍

目前流行的虚拟机软件有 VMware、Virtual Box 和 Virtual PC，它们都能在 Windows 系统上虚拟出多个计算机。

### （一）VMware

VMware 可以使用户在一台机器上同时运行两个或更多 Windows、DOS、Linux 系统。与"多启动"系统相比，VMware 采用了完全不同的概念。多启动系统在一个时刻只能运行一个系统，在系统切换时需要重新启动机器。VMWare 是真正"同时"运行，多个操作系统在主系统的平台上，可以像标准 Windows 应用程序那样切换。而且每个操作系统都可以进行虚拟的分区、配置，不影响真实硬盘的数据，还可以通过网卡将几台虚拟机连接成为一个局域网。

### （二）Virtual PC

Virtual PC 是被微软公司收购的一款产品，它可以允许在一个工作站上同时运行多个 PC 操作系统，当用户转向一个新的操作系统时，可以为运行传统应用提供一个安全的环境，保持兼容性，它可以保存重新配置的时间。

### （三）Virtual Box

Virtual Box 是由 Sun 公司出品的软件（Sun 公司于 2010 年被 Oracle 收购），原由德国 innotek 公司开发。VirtualBox 是开源软件。

## 三、VMware Workstation 虚拟机的特点

VMware Workstation 虚拟机是一个在 Windows 或 Linux 计算机上运行的应用程序，它可以模拟一个基于 x86 的标准 PC 环境。这个环境和真实的计算机一样，都有芯片组、CPU、内存、显卡、声卡、网卡、软驱、硬盘、光驱、串口、并口、USB 控制器、SCSI 控制器等设备，提供这个应用程序的窗口就是虚拟机的显示器。

在使用上，VMware Workstation 虚拟机和真正的物理主机没有太大的区别，都需要分区、格式化、安装操作系统、安装应用程序和软件，一切操作都跟一台真正的计算机一样。

任务实施

## 一、任务场景

李明得知安装虚拟机后不用再安装 Windows XP 系统，便请公司的小王帮忙安装虚拟机。

小王打算使用 VMware Workstation 9.0 来帮李明安装 Windows XP 系统。

## 二、实施过程

（1）首先在 Windows 7 系统下安装 VMware Workstation 9.0 软件并运行，在新建虚拟机向导中选中"标准（推荐）"单选按钮，单击"下一步"按钮，如图 17-1 所示。

图 17-1　新建虚拟机向导

（2）选中"我以后再安装操作系统"单选按钮，单击"下一步"按钮，如图 17-2 所示。

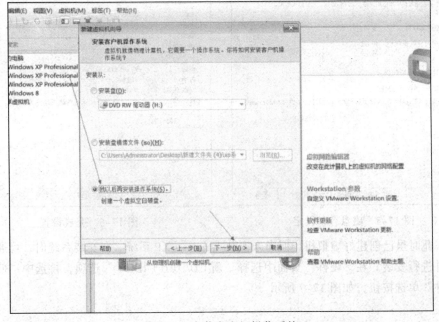

图 17-2 安装客户机操作系统

（3）在选择"哪个操作系统将安装到该虚拟机上"时选择 Windows XP 专业版，如图 17-3 所示。虚拟机名称选择默认名称，并设置虚拟机的存放路径，单击"下一步"按钮如图 17-4 所示。

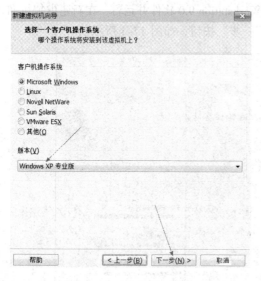

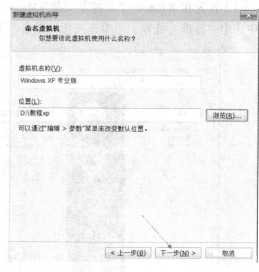

图 17-3　选择操作系统类型　　　　　　　　　　　图 17-4　选择存放路径

（4）在指定磁盘容量时选择 80 GB，单击"下一步"按钮，如图 17-5 所示，其他设置使用默认值即可，单击"完成"按钮结束设置，如图 17-6 所示。

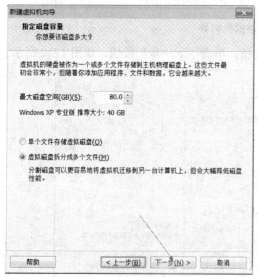

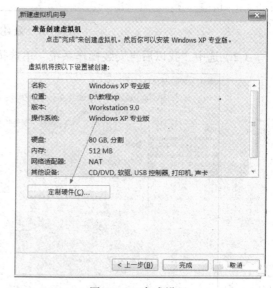

图 17-5　磁盘容量设定　　　　　　　　　　　　图 17-6　完成设置

（5）此时虽已创建好虚拟机，但尚未安装 Windows XP 系统。在安装系统时，可通过 ISO 镜像文件进行安装。在"硬件"页面中选择"新 CD/DVD（IDE）"选项，再选中"使用 ISO 镜像文件"单选按钮，如图 17-7 所示。

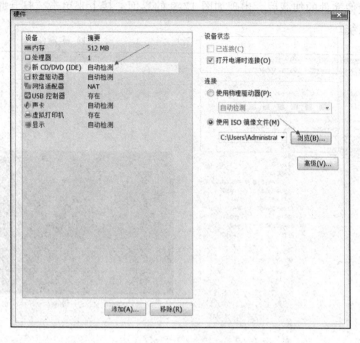

图 17-7　完成设置

（6）找到 Windows XP 系统镜像文件所在的路径，并添加系统镜像文件，如图 17-8 所示。

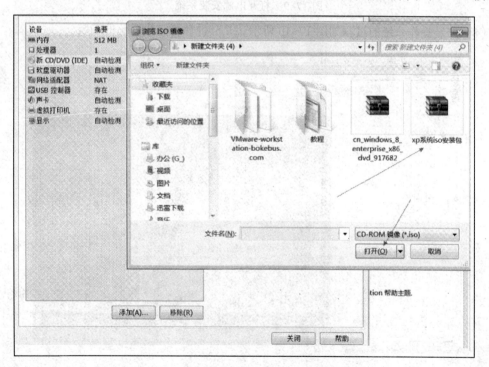

图 17-8　添加 Windows XP 系统镜像文件

（7）完成镜像文件的加载后，出现如图 17-9 的界面，接下来单击"打开此虚拟机电源"链接安装操作系统。

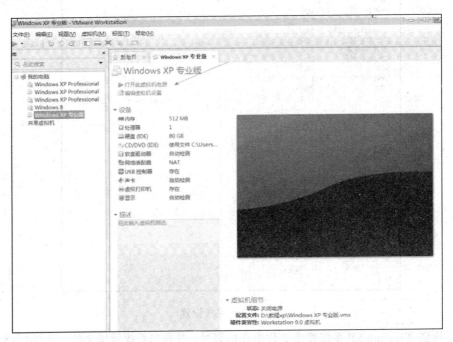

图 17-9　打开电源安装系统

（8）安装操作系统的过程如图 17-10 所示，几分钟即可完成系统的安装。

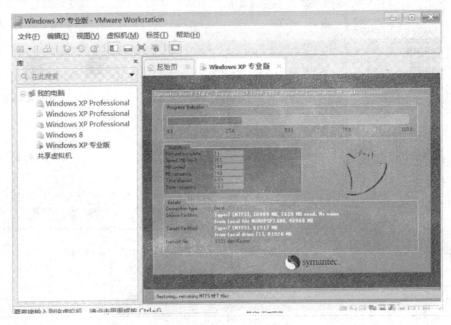

图 17-10　安装操作系统

（9）系统安装成功后，在虚拟机内可以进行各种操作，如同在真实的 Windows XP 系统中操作，如图 17-11 所示。

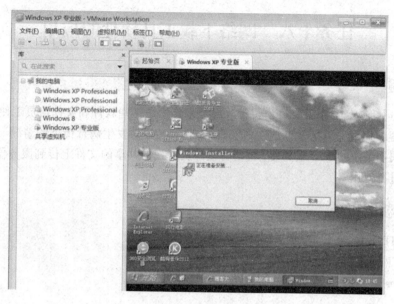

图 17-11　Windows XP 系统虚拟机安装完成

## 任务小结

通过完成本次任务，读者应掌握 VMware 虚拟机的应用。

（1）掌握 VMware 虚拟机的组建方法。

（2）掌握 VMware 虚拟机下操作系统的安装方法。

# 项目拓展实训

## 一、实训名称

VMware 虚拟机的组建。

## 二、实训目的

（1）掌握 VMware 虚拟机的组建方法。

（2）掌握 VMware 虚拟机下操作系统的安装。

## 三、实训条件

装有 Windows XP 系统的计算机一台，VMware 虚拟机软件，Windows 7 系统镜像文件等。

## 四、实训内容

在 Windows XP 系统下安装一个 VMware 虚拟机软件，并利用镜像文件安装一个虚拟 Windows 7 操作系统。

## 五、实训要求

掌握 VMware 虚拟机的使用方法。

# 任务十八　网络下载工具软件的应用

## 任务提出

　　由于公司的办公工作需要，公司行政部经常要发送一些软件和文件给员工使用，目前主要通过 U 盘复制或 QQ 发送的办法，管理不方便，又容易发生病毒传染的情况。李明觉得可以利用公司网络中的 FTP 服务器，公司行政部负责把要共享的文件上传到服务器，每个员工下载文件进行使用。

## 任务分析

　　学习 FTP 下载之前，需要掌握以下知识点：
　　（1）FTP 概述。
　　（2）FlashF XP 下载工具软件的使用。

## 相关知识

### 一、FTP 的概念

　　FTP 的全称是 File Transfer Protocol（文件传输协议），顾名思义，就是专门用来传输文件的协议。在 FTP 的使用过程中，用户经常遇到两个概念：下载（Download）和上载（Upload）。"下载"文件就是从远程主机复制文件至自己的计算机上；"上载"文件就是将文件从自己的计算机中复制至远程主机上。用 Internet 语言来说，用户可通过客户机程序向（从）远程主机上载（下载）文件。

### 二、FTP 用户授权及地址格式

　　在 FTP 的使用过程中，必须首先登录，在远程主机上获得相应的权限以后，才能上传或下载文件。也就是说，要想同哪一台计算机传送文件，就必须具有那台计算机的适当授权。换言之，除非有用户名和密码，否则便无法传送文件，只有在有了一个用户标识和一个口令后才能登录 FTP 服务器，享受 FTP 服务器提供的服务。

　　FTP 地址如下：

　　ftp://用户名：密码@FTP 服务器 IP 或域名：FTP 命令端口/路径/文件名。

　　上面的参数除 FTP 服务器 IP 或域名为必要项外，其他都不是必需的。

### 三、FlashFXP 软件介绍

　　FlashFXP 是一款功能强大的 FXP/FTP 软件（见图 18-1），它集成了其他优秀的 FTP 软件的优点，支持彩色文字显示，支持多目录选择文件，暂存目录，支持目录（和子目录）的文件传输、删除；支持上传、下载以及第三方文件续传，可显示或隐藏具有"隐藏"属性的文档和目录，支持每个平台使用被动模式等功能。

图 18-1　FlashFXP 软件

## 一、任务场景

公司行政部把要共享的文件上传到服务器后，每个员工通过 FlashFXP 软件下载文件后进行使用。

## 二、实施过程

（1）安装并运行 FlashFXP，软件的主界面如图 18-2 所示，左边界面是本地浏览，右边是链接的空间。

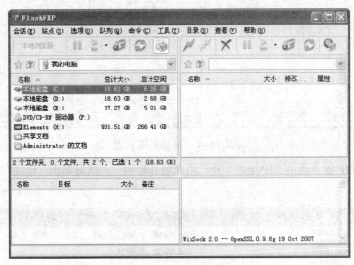

图 18-2　FlashFXP 主界面

（2）选择菜单中的"站点"→"站点管理器"命令，如图 18-3 所示。

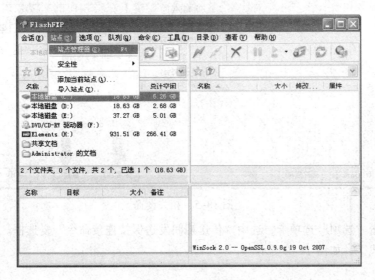

图 18-3　创建站点

（3）单击"新建站点"按钮，在弹出的对话框中输入站点的名字并确认。例如：我的FTP（名字可以随意取），如图18-4所示。

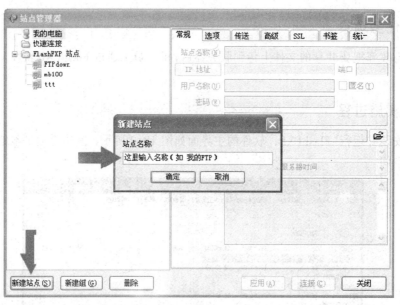

图18-4　站点名称设置

（4）填写FTP服务器的"IP地址"及"用户名和密码"，然后单击"应用"按钮，如图18-5所示。

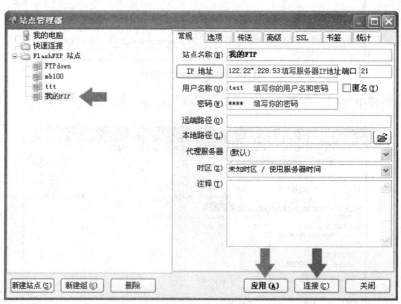

图18-5　相关设置

（5）单击"选项"选项卡，选中"传送期间发送保持连接命令"复选框。至此，FTP站点就设置完成了，如图18-6所示。

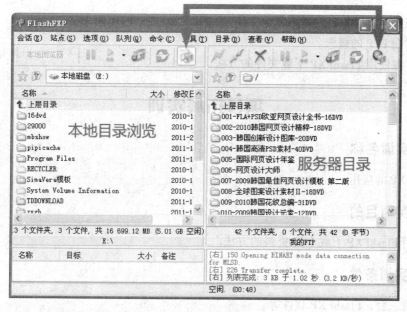

图 18-6　设置完成

（6）当需要下载文件时，只需在右边服务器目录中用鼠标选中要下载的资源，然后拖动到左边本地目录窗口即可完成下载。用户可以通过软件左下方的下载列表查看资源下载的进度，如图 18-7 所示。

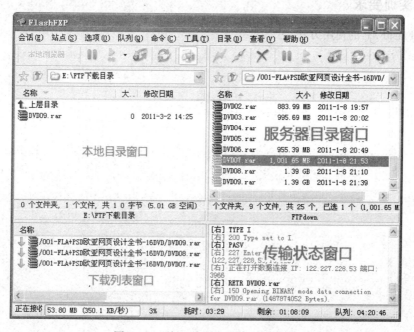

图 18-7　从 FTP 服务器上下载资料

### 任务小结

通过完成本次任务，读者应掌握 FTP 概念和 FlashFXP 的使用方法。

（1）掌握 FTP 的概念。

（2）掌握使用 FlashFXP 下载文件的方法。

# 项目拓展实训

## 一、实训名称

FlashFXP 的应用。

## 二、实训目的

掌握用 FlashFXP 下载 FTP 资料的方法。

## 三、实训条件

计算机一台，FlashFXP 软件等。

## 四、实训内容

使用 FlashFXP 从 FTP 站点下载资源。

## 五、实训要求

掌握 FlashFXP 的使用方法。